高等职业院校前沿技术专业特色教材

无人机概论

◎ **主 编** 周竞赛 冯宇

副主编 王寅 王子源 张广文

清华大学出版社

北京

内 容 简 介

本书为中国航空学会推荐教材。本书根据国内职业教育特点及无人机行业应用现状和未来就业方向编写对无人机的基础理论做了详细阐述。本书分为八章,系统地归纳了无人机的基本组成、无人机空气动力学基础理论、无人机飞行性能与飞行原理、无人机平台结构学基础等,并详细介绍了业内应用较多的多旋翼无人机及应用越来越广的垂直起降无人机。本书可作为高等职业院校无人机应用技术专业教材,也可作为对无人机应用技术感兴趣的读者的自学参考书。

本书封面贴有清华大学出版社防伪标签,无标签者不得销售。
版权所有,侵权必究。举报:010-62782989,beiqinquan@tup.tsinghua.edu.cn。

图书在版编目(CIP)数据

无人机概论/周竞赛,冯宇主编.—北京:清华大学出版社,2021.7(2023.8重印)
高等职业院校前沿技术专业特色教材
ISBN 978-7-302-57492-7

Ⅰ.①无… Ⅱ.①周… ②冯… Ⅲ.①无人驾驶飞机-概论-高等职业教育-教材 Ⅳ.①V279

中国版本图书馆 CIP 数据核字(2021)第 021561 号

责任编辑:张 弛
封面设计:刘 键
责任校对:刘 静
责任印制:沈 露

出版发行:清华大学出版社
　　　网　　　址:http://www.tup.com.cn,http://www.wqbook.com
　　　地　　　址:北京清华大学学研大厦 A 座　　　　　　邮　　编:100084
　　　社 总 机:010-83470000　　　　　　　　　　　　　邮　　购:010-62786544
　　　投稿与读者服务:010-62776969,c-service@tup.tsinghua.edu.cn
　　　质量反馈:010-62772015,zhiliang@tup.tsinghua.edu.cn
印 装 者:三河市天利华印刷装订有限公司
经　　销:全国新华书店
开　　本:185mm×260mm　　　　印　张:9　　　　　字　　数:213 千字
版　　次:2021 年 8 月第 1 版　　　　　　　　　　　　印　　次:2023 年 8 月第 3 次印刷
定　　价:49.00 元

产品编号:090846-01

编写委员会

丛书主编：

姚俊臣

编委：

周竞赛　李立欣　张广文

胡　强　朱　妮

序 言

  职业教育与普通教育作为高等教育的两翼,具有同等重要的地位。改革开放以来,职业教育为我国经济社会发展提供了有力的人才和智力支撑,现代职业教育体系框架全面建成,服务经济社会发展能力和社会吸引力不断增强,具备了建设科技强国的诸多有利条件和良好的工作基础。随着我国进入新的发展阶段,产业升级和经济结构调整不断加快,各行各业对技术技能人才的需求越来越紧迫,职业教育的重要地位和作用进一步凸显。这一点在我国航空科技领域越发突出,航空产业发展离不开大国工匠和高水平的职业技术人才。

  作为我国航空科技飞速发展的重要代表,无人机技术广受关注,已经一跃成为通用航空领域的一支新生力量,目前中国民用消费类无人机已占全球 70% 左右的市场份额。2017 年 12 月,工业和信息化部印发《关于促进和规范民用无人机制造业发展的指导意见》。到 2025 年,综合考虑产业成熟度提升后的发展规律,民用无人机产业将由高速成长转向逐步成熟,按照年均 25% 的增长率测算,到 2025 年民用无人机产值将达到 1800 亿元。2020 年,习近平总书记在视察空军航空大学时指出:现在各类无人机系统大量出现,无人作战正在深刻改变战争面貌。要加强无人作战研究,加强无人机专业建设,加强实战化教育训练,加快培养无人机运用和指挥人才。职业技术院校无人机应用技术专业成为当下最热门的专业之一,已有 500 多所院校新设相关专业,远超设置航空相关专业的综合性大学数量。

  目前国内无人机教育仍然处在探索和起步阶段,伴随着近年来国内无人机市场的井喷发展,无人机人才需求缺口也日益凸显,尤其是无人机技能人才的缺口更大。从不同层次的学科培养角度,院校需要区分高等教育和职业教育的特点,进而达到有针对性的教育目的,实现人才培养和供给的多元化。随着人社部把无人机驾驶员作为 13 个新职业之一,无人机应用成为新热点,具备实际操作能力的无人机操控及维护人员将成为炙手可热的人才。在我国就业形势异常严峻的大背景下,无人机应用技术人才却成为国家紧缺人才之一,专业无人机操控技能将显示出超强的竞争力,学习和参与无人机的人数逐年上涨。2019 年,无人机装调检修工再次成为新兴职业,新增无人机专业(或无人机方向)的中高职院校将很快超过 1000 所。但是与通用航空事业已经较成熟的发达国家相比,与建设现代化经济体系、建设科技强国的要求相比,我国无人机职业教育还存在着体系建设不够完善、无人机职业技能实训基地建设有待加强、制度标准不够健全、企业参与办学的动力不足、技术技能人才成长的配套政策尚待完善、办学和人才培养质量水平参差不齐等问题。

为贯彻落实《职业学校校企合作促进办法》《国家职业教育改革实施方案》等文件精神，推动无人机职业教育事业发展，提高职业教育发展水平，完善高层次应用型人才培养体系，促进校企产教融合，为企业培养具有良好职业素质的应用型人才，中国航空学会组织 40 余位航空科技，尤其是无人机科研和教育方面的专家编写了本系列教材，希望为无人机技能人才培养提供参考支撑。这是中国航空学会作为我国航空科技领域最具影响力的科技社团的使命与职责。

本系列教材得到了北京小飞手教育科技有限公司和圆梦天使（北京）教育科技有限公司的大力支持，在此深表感谢。

中国航空学会理事长

当前,新一轮科技革命和产业变革正在全球范围内兴起,以无人机为代表的无人系统成为重要内容之一。在全面推进科技强国建设中,无人机及无人系统首当其冲成为重要支撑。《中国制造2025》中明确提出快速发展无人机产业化的规划,同时在"十三五"国家战略性新兴产业发展规划中,也明确提出"大力开发市场需求大的民用无人机"。2020年,习近平总书记在视察空军航空大学时指出要加强无人机专业建设。因此,基于当前国内外大环境特点和现实远景需求,无人机产业已成为近年来发展最为迅速的通用航空技术领域之一。

第一次世界大战期间为实现减少飞行员伤亡和远程目标打击的作战目的,无人机科学技术诞生并发展至今,无人机科技和产业发展已经进入百花齐放的时期,走进社会生活的方方面面。无人机具有用途广泛、无人员伤亡风险、生存能力强、机动性能好、续航时间长等军事用途特点,同时兼具使用方便、成本低、控制简单的民用特点,因此在军民用领域都得到了广泛应用。中国民用消费类无人机已占全球70%左右的市场份额,这表明中国无人机制造商实现了中国制造升级到中国创造的转型,具有十分强劲的科技创新能力和市场运营能力。可以预见的是,随着民用无人机成为通用航空领域异军突起的"中国制造"代表性产业,再依托行业应用的加速推广、消费领域的需求爆发以及新应用领域的拓展等趋势,无人机产业必将成为未来航空业最蓬勃发展的领域之一。

新兴科技产业需要新兴科技人才,新兴科技人才必然要求高质量的科技教育。在当今教育多元化的大趋势下,必须全方位推进各层次科技教育,才能更好地提供多层次科技人才、推动新兴科技产业发展。航空航天技术是高度综合的现代科学技术的代表,而无人机更是航空航天领域的技术和学科前沿,已成为各航空航天院校的热门专业。目前国内无人机教育仍然处在探索和起步阶段,伴随着近年来国内无人机市场的井喷发展,无人机人才需求缺口也日益凸显,尤其是无人机技能人才的缺口更大。2014年颁布的《国务院加快发展现代职业教育的决定》提出"院校布局和专业设置应更加适应经济社会需求。要重点提升先进制造业、战略性新兴产业等领域的人才培养"。对应此现实需求和未来愿景,中国航空学会组织行业专家编写丛书,为无人机技能人才培养提供参考支撑。本丛书紧盯国内职业教育特点,立足开展无人机专业方向职业教育,以期推动职业教育无人机应用技术专业的发展和壮大。

　　无人机概论基于职业教育本质规律,对无人机的基础理论做了详细阐述,包括 8 个章节,依次分别为:无人机系统概述、无人机的系统组成、无人机空气动力学基础、无人机飞行性能与飞行原理、无人机平台构型学基础、垂直起降无人机、多旋翼无人机和无人机未来发展趋势。本书由周竞赛、冯宇担任主编,由王寅、王子源、张广文担任副主编。本书第一、二章由周竞赛编写,第三、四、七章由冯宇编写,第五章由王寅编写,第六章由王子源编写,第八章由张广文编写,全书由周竞赛和冯宇统稿。本书主题方向明确,章节设置合理,内容层次分明,在编写过程中尽量减少对读者专业背景知识的要求,注重基础性、全面性、前沿性与实用性。作为无人机专业的基础教材,希望通过学习读者可以了解无人机领域所涉及的基本知识、基本原理和发展概况。适合职业院校无人机相关专业学生进入无人机领域的入门学习,同时本书也可适用于从事无人机领域的相关人员和无人机爱好者,能够为他们提供快速的入门指导。

　　本书在编写过程中得到了业内众多专家学者的指导,同时也参考了国内外大量文献资料,在此对专家学者和文献原作者表示由衷的感谢。

　　最后,由于本书内容涉及面较广,且当今世界科技日新月异,因此无法做到包罗万象。同时,由于编者水平有限,书中不妥之处恳请读者批评、指正。

编　者
2021 年 4 月

目 录

第 一 章

无人机概述

无人机自诞生以来,主要应用于军事方面。作为智能化和信息化的武器,无人机在侦察、监视、通信、远距离攻击等方面发挥了重要的作用。近年来,无人机在民用方面的应用也越来越多,各国在无人机的民用方面逐渐开放,已经广泛应用于公共安全、应急搜救、农林、环保、交通、通信、气象、影视航拍等多个领域。在过去几年,英国已经向130多家企业和政府机构颁发许可,美国签发了1400多份许可。毫无疑问,随着技术的更新和发展,民用无人机将迎来井喷式发展,应用前景十分广阔。

第一节 无人机定义

无人机是无人驾驶飞行器(unmanned aerial vehicle,UAV)的简称,是一种由无线电遥控设备以及自身程序控制装置操纵的无人驾驶飞行器。从某种角度来看,无人机可以在无人驾驶的条件下完成复杂空中飞行和各种任务,可以被看作"空中机器人"。图1.1所示为工作中的无人机。

图1.1 工作中的无人机

一、无人机与航模

从无人机的定义来说,无人机控制方式有以下三类。

(1) 无线电遥控操纵方式。

(2) 无线电遥控和自主程序控制操纵。

(3) 完全自主程序操纵(完全无线电遥控操纵的模型属于航空模型范畴)。

无人机并没有排除航空模型,但在大家所理解的无人机概念中,完全被动控制的航空模型是被排除在无人机家族之外的,即无人机可以通过无线电遥控设备操纵,但其在起降或空中飞行的过程中至少具有增稳程序控制姿态或轨迹的能力。例如,常见的四旋翼无人机,虽然需要借助遥控设备进行无线电遥控操纵,但其自身具有维持姿态稳定的飞行控制模块,因此属于无人机,而非简单的航空模型。

无人机和航模都是不载人的航空飞行器,虽然两者之间有着非常紧密的联系,但是两者还是有所区别。

1. 定义

无人机是一种由无线电遥控设备或自身程序控制装置操纵的无人驾驶飞行器。航空模型是一种重于空气的、有尺寸限制的、带有或不带有动力装置的、不能载人的航空器。图 1.2 所示为无人机与航空模型的对比照片。

(a) 无人机(图片来源: 环球网)　　　　　　　　(b) 航模

图 1.2　无人机与航空模型的对比

2. 飞行方式

无人机与航模最大的区别在于是否有导航飞控系统、能否实现自主飞行。通俗地说,无人机除了可用遥控器控制飞行外,也可以实现自主飞行;而对于有动力的航模来说,飞行时必须有人来通过遥控器控制。

无人机既可以由操控人员在视距范围内控制飞行,也可以自主驾驶、超视距飞行,通过复杂的中央飞控系统与地面控制参数进行交互来控制飞机的姿态和机动是程序控制;而有动力航模只是由操控人员在视距范围内控制飞行。

不过,如今在某些高端的航模系统中也能实现自动返航功能、超视距飞行等智能化操作。目前来看,由于环境的复杂性以及无人机自主控制水平的限制,无人机和航模都无法摆脱对人的依赖。

3. 任务载荷

无人机可以代替人类去完成一些工作,如使用无人机在空中进行航拍、侦察、运输物资、农业喷洒、国土巡航等；航模主要是用于教学、测试或娱乐，教学和测试也主要是用来研究飞行器本身。

4. 组成

无人机由飞控导航系统、动力系统、飞行平台、地面站、任务系统、链路系统等组成，科技含量比较高；航模全称是航空模型，由飞行平台、动力系统、视距内遥控系统组成，结构相对简单。图1.3所示为两种飞行器的对比示意图。

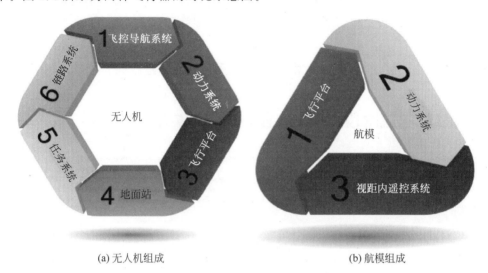

(a) 无人机组成　　　　　　　　　　　　　　(b) 航模组成

图1.3　两种飞行器的组成对比示意图

5. 管理

军用无人机、民用无人机和航空模型的管理单位对照如表1.1所示。

表1.1　管理单位对照表

名　　称	管理单位
航空模型	国家体委下属航空运动管理中心
民用无人机	中国民用航空局
军用无人机	军方

总的来说，无人机和航模的主要区别在于是否有飞控导航系统，能否实现自主飞行。另外，无人机的每次飞行都是在执行相关任务；航模则是一项侧重于娱乐、竞技的运动，追求的是声音和速度的激情与飞行动作的优雅。总之，无人机和航模既有相同点，又有不同点；民用无人机和航模的相同点则更多些。

二、无人机与有人驾驶飞机

相对于有人驾驶飞机而言，无人机上无驾驶舱，但安装有自动驾驶仪、程序控制装置等设备。地面、舰艇或母机遥控站人员通过雷达等设备对其实现跟踪、定位、遥控、遥测和数字传输等任务。无人机可以像普通飞机一样起飞或用助推火箭发射升空，也可以由母机带到空中投放飞行。回收时，无人机可使用像普通飞机着陆过程一样的方式着陆，也可以通过遥控用降落伞或拦网回收。无人机可反复使用多次，广泛用于空中侦察、监视、通信、反潜、电子干扰等。

三、无人机与弹道导弹

还有一类无人控制的飞行器需要与无人机加以区别,即弹道导弹和炮弹等。在 2002 年1 月美国联合出版社出版的《国防部词典》中对无人机的解释是这样的:"无人机是指不搭载操作人员的一种动力空中飞行器,采用空气动力为飞行器提供所需的升力,能够携带致命性或非致命性有效载荷。弹道或半弹道飞行器、巡航导弹和炮弹不能当作无人飞行器。"

第二节　无人机发展史

一、梦想起航阶段(约公元前 450—1917 年)

在了解无人机起源之前,首先了解人类自古以来对飞行的追求。在古老而又遥远的年代,人类就对飞行抱有极大的幻想,中国的女娲补天、嫦娥奔月或是希腊神话中普罗米修斯飞天盗火等这些数不清道不明的神话和传说,都是人类期盼着升空飞翔的美好愿望和朦胧幻想。

公元前 450 年左右,中国人发明了风筝,以此来寄托对飞行的向往,如今风筝依旧是人们喜爱的飞行方式之一,如图 1.4 所示。

图 1.4　中国传统风筝

公元前 500 年左右,中国人发明了竹蜻蜓,如图 1.5 所示。竹蜻蜓构造简单,在当时成为老幼皆宜的飞行玩具。后来,国外的传教士根据竹蜻蜓构造的启示,发明了直升机的螺旋桨。因此,中国的竹蜻蜓被世界公认为直升机的最原始形态。

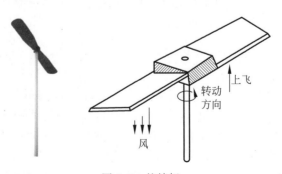

图 1.5　竹蜻蜓

在 907—979 年的五代时期,中国已出现了用松脂燃烧加热空气的"松脂球",当时也叫"飞灯""天灯""云球""孔明灯"或"灯球"等。图 1.6 所示为可飞行并可实用的热气球的原始形态。关于孔明灯的传说有多个版本,真正的发明者已无从考究,但是从中不难发现,古代劳动人民一直在探究飞行的奥秘。

明朝建立后,曾在朱元璋军中受封官职为万户的陶成道,为了实现自己像鸟一样飞上天的梦想,坐在绑了 47 支火箭的椅子上,手里拿着风筝,想飞向天空。围观的人们纷纷表示这简直是太疯狂了,而陶成道为此献出了自己的生命。

万户飞天是一个举世公认的事实,但遗憾的是,火箭飞行第一人万户陶成道却在中国文献中找不到,所幸在美国火箭学家赫伯特·S.基姆于 1945 年出版的《火箭和喷气发动机》一书中有记载。图 1.7 所示为后人为纪念万户陶成道而设立的雕塑。

图 1.6　孔明灯

图 1.7　"万户飞天"的传说

1480 年前后,意大利著名学者、艺术家兼科学家达·芬奇绘制出原始的"螺旋面"直升机原理草图,如图 1.8 所示。这是工程学历史上比较有名的一幅航空机器设计图。后来,他还画过许多其他的飞行器结构想象图,其中包括 1487 年其所做的人力扑翼机设计图。

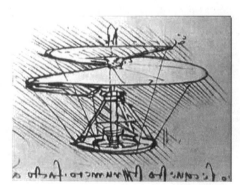

图 1.8　达·芬奇的旋翼模型设计图

1783 年 9 月 19 日,蒙哥尔菲兄弟奉命为法国国王路易十六夫妇表演飞行。上午 9 时许,一只容积为 1200m³ 的热气球当着 3 万观众的面,载着一只绵羊、一只公鸡和一只鸭子升至 450m 的高度,在 8min 内飞出 3200m,并降落到一片树林中。这是人类升空飞行前最先用动物所做的飞行器搭乘试验。法国国王路易十六为此大悦,给热气球赐名"蒙哥尔菲气球",如图 1.9(a)所示。

1783 年 11 月 21 日,法国的罗泽尔与达兰德斯侯爵于当天下午 1 时 54 分,在巴黎 16 区布劳纽森林边的波旁王朝皇家行宫庭院中乘坐靠燃烧麦秸与羊毛产生热气的蒙哥尔菲热气球,冉冉升空,进行了人类首次自由飞行。经过 20min 的水平飘飞,这只直径 14.95m、高 22.75m、容积 2200m³ 且外表华丽非凡的载人热气球降落在该市 13 区的意大利广场上,为人类航空史添上一笔重彩,如图 1.9(b)所示。从此,人类开始真正进入广阔的天空。

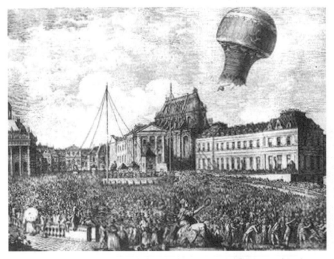

(a) 蒙哥尔菲气球首次载着一只绵羊、一只公鸡和一只鸭升空　　(b) 罗泽尔和达兰德斯合乘热气球首次在波旁王朝皇家行宫庭院升空

图 1.9　蒙哥尔菲兄弟首次飞行

1840 年,英国航空先驱威廉·萨姆爱尔·亨森成立了自己的航空运输公司,并开始试制飞机。1842 年 9 月 29 日,亨森在助手约翰·斯特林·凡罗的协助下,参考了凯利的航空力学理论,设计出名为"空中蒸汽车"的飞机,并申请了"重于空气的飞行器"的专利。如图 1.10 所示,该飞机翼展 45.72m,单翼面积 430m²,总重 1350kg,装有一台 18.4~22.1kW 蒸汽机,以驱动二副六叶螺旋桨。1847 年,一架绰号为"阿里埃尔"的翼展仅 6m 的缩比飞机模型做了试飞。据称该模型重 4.5kg,它借助斜坡助跑起飞并可飞行 19~24m。这是人类对飞机所做的最早期的研究试验之一。

1852 年 9 月 24 日,法国人亨利·吉法尔制成第一个"机械力气球",如图 1.11 所示,该气球外形不再是球形,而是长为 43.89m、直径为 11.9m 的枣核形,气囊容积为 5472.4m³,总升力大于 2000kg。更重要的是,它第一次装有三角形尾舵和一台 2.2kW 蒸汽机,用于驱动直径为 2.13m 的三叶螺旋桨以 110r/min 的转速旋转。该气球从巴黎马戏场起飞后,用 3h 左右飞行了 28km,然后在特拉普斯着陆,做了人类第一次有动力载人"可操纵飞行",这标志着真正的飞艇问世了。

图 1.10 1868 年约翰·斯特林·凡罗设计的三翼飞机模型

图 1.11 1852 年世界上第一艘飞艇首飞

1871 年,英国人佩诺研制出"飘动者"号飞机模型,如图 1.12 所示,它采用橡筋动力、单翼,稳定性极好,被某些学者推之为"飞机的祖先"。1872 年,他又研制出有密封舱和减震起落架的两栖型扑翼机模型。

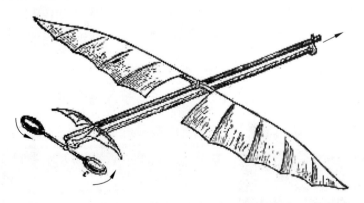

图 1.12 1871 年佩诺研制的可稳定飞行的橡筋动力飞机模型

　　1884 年 8 月 9 日,法国人试飞了由电机驱动的"法兰西"号全向操纵型飞艇,它由查尔斯·雷纳德和阿瑟·克雷布斯制造,如图 1.13 所示。在当天的试验中,"法兰西"号飞行 4200m 后又成功地返回起飞点,结束了人类飞行一直要受风摆布的历史。该飞艇直径 8.5m、长 51.8m、航速 19.3km/h、电机功率 6.6kW,它驱动一个直径为 9m 的拉近式螺旋桨,被认为是最早飞行成功的一艘飞艇。

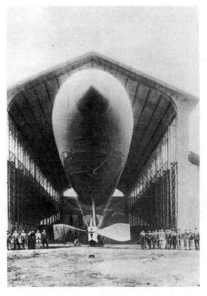

图 1.13　"法兰西"号飞艇

　　1891 年,德国航空开拓者奥托·李林塔尔发表了《鸟类的飞行——航空的基础》一文并正式开始研究滑翔飞行。他每次飞行一般为 0.5min,滑翔距离为 200～300m。1894 年,他用改进后的滑翔机从山坡上跳下,竟然滑翔了 350m。1896 年 8 月 9 日,李林塔尔在试飞中受伤,于次日去世。在李林塔尔试飞的 6 年期间,他坚持进行滑翔试验达 2000 余次,先后使用过 18 架滑翔机,其中 12 种是单翼机。李林塔尔是人类早期探索飞行史上极具影响力的人物,并为后人发明飞机积累了宝贵的经验,如图 1.14 所示。

(a) 奥托·李林塔尔的滑翔飞行试验　　　(b) 奥托·李林塔尔的Sturmfugel滑翔机(奥托·李林塔尔博物馆)

图 1.14　奥托·李林塔尔与他的滑翔机

1900年7月2日，德国的齐伯林经过6年的努力，在包金斯基附近的工厂里制成了他的第一艘充氢硬式飞艇，并在腓特烈港附近试飞成功，此飞艇载1名乘员和5名乘客，飞行时间为20min。该艇的型号为LZ-1，直径为11.73m，长为127m，用防水布组成17个气囊，容积为11300m³，升力为13000kg。它是齐伯林在1918年前研制出的113艘飞艇中的第一艘。在20世纪20年代以前，齐伯林飞艇几乎主宰了大半个世界的天空，如图1.15所示。

(a) 飞艇先驱齐伯林　　　　　　　(b) 1900年7月2日上升中的LZ-1飞艇

图1.15　齐伯林和他的飞艇

1903年12月17日上午10时35分，德裔美国人、自行车修造匠威尔伯·莱特和奥维尔·莱特兄弟在美国北卡罗来纳州基蒂霍克一处叫作"斩魔山"的小山坡上，以重物下落形成的引牵力将自制飞机"飞行者一号"推离地面，进行了被世人公认的人类首次有动力飞机载人飞行。人类从此有了飞机，如图1.16所示。

图1.16　1903年12月17日莱特兄弟发明的飞机试飞成功

当时的首飞驾驶者为奥维尔·莱特。他在12s的时间内飞出36.58m，当时的目击者有6人，并拍下照片。当日共飞行了4次，最佳飞行成绩为：续航时间59s，飞行距离260m，飞行高度3.8m，速度48km/h。该飞机采用双层机翼鸭式气动布局，一台12马力的内燃机通过两副自行车链条带动两副空气螺旋桨。飞行员俯卧在下层机翼上操纵飞机飞行。该飞机的翼展为12.29m，质量为274kg。莱特兄弟与他们的"飞行者一号"飞机就此名垂青史。在此之前,莱特兄弟对飞机的研究开始于 1899 年,并先后试飞过 3 架无动力的滑翔机。"飞行者一号"飞机则于 1902 年冬季组装完毕。1903 年 12 月 14 日,在他们进行第一次试飞时曾因失速而坠落沙滩。莱特兄弟的飞机制造优势直到 1908 年才被欧洲的航空先驱们所打破。

二、无人机的诞生及靶机起步阶段(1909—1945 年)

基于人类对飞行的追求及取得的伟大成就,众多科学家对飞行提出更大胆、更具有创新性的设想。据来自圣迭戈航空航天博物馆档案(San Diego Air & Space Museum Archives)资料显示,1917 年,皮特·库柏(Peter Cooper)和埃尔默·A. 斯佩里(Elmer A. Sperry)发明了第一台自动陀螺稳定器,这种装置能够使飞机保持平衡地向前飞行。这项技术成果将美国海军寇蒂斯 N-9 型教练机成功改造为首架无线电控制的不载人飞行器(unmanned aerial vehicle,UAV),并进行了试飞,这可以说是世界上的第一架无人机。无人飞行器自此诞生。斯佩里研制的空中鱼雷(sperry aerial torpedo)可搭载重约 136kg 的炸弹飞行 81km,如图 1.17 所示。

图 1.17 1917 年斯佩里研制的空中鱼雷

斯佩里空中鱼雷最初的设想是利用携带的高爆炸药攻击飞机,但随后的试验并未获得令军方满意的结果,也从未参与实战,军方为此停止了投资,因此这一新生事物就此夭折。尽管斯佩里等人的开创性工作没有获得最终的成功,但他们所取得的许多宝贵资料和经验却为 16 年后第一架无人靶机的成功研制奠定了深厚的技术基础。

通用公司的查尔斯·F. 凯特灵(Charles F. Kettering)设计了"凯特灵"空中鱼雷,又称为"凯特灵飞虫(Kettering Bug)",这架飞机能够载重 136kg,在 1917 年的造价为 400 美元,如图 1.18 所示。这架飞机拥有可拆卸机翼,并且可以灵巧地从装有滚轮的手推车上起飞。在第一次世界大战接近结束时,美军订购了大量的"凯特灵飞虫",但在它被派上战场之前战争就已经结束了。

1935 年之前的空中飞机飞不回起飞点,因此也就无法重复使用。"蜂王"的发明使得无人机能够回到起飞点,这也使得这项技术更具有实际价值。"蜂王"最高飞行高度为5182m,最高航速达 161km/h,在英国皇家空军"服役"到 1947 年,如图 1.19 所示。

阿道夫·希特勒希望拥有攻击非军事目标的飞行炸弹,因此,德国工程师弗莱舍·福鲁则浩(Fieseler Flugzeuhau)在 1944 年设计了一架速度达到 756km/h 的无人机,即著名的

图 1.18　1917 年凯特灵设计的"凯特灵"空中鱼雷

图 1.19　1935 年的 DH.82B"蜂王"

"复仇者一号"(Vergeltungswaffe)(图 1.20),专为攻击英伦列岛而设计,也是现代巡航导弹的先驱。"复仇者一号"的载弹量比前一代更大,经常搭载多达 907kg 的导弹。英国有 900 多人死于该无人机下,"复仇者一号"从弹射道发射后,可按照预先程序飞行 241km。

图 1.20　1944 年福鲁则浩设计的"复仇者一号"

自此,人类开启了全新的无人机时代,勾画了一幅波澜壮阔的宏伟画卷。

1930 年英国开始研制无人靶机,在吸取了斯佩里等人研究经验的基础上,1931 年 9 月,英国费尔雷公司将一架"女王"有人驾驶双翼飞机改装成"费利王后"(Fairey Queen)靶机并做了 9min 的有控飞行。1932 年,英国 Home 舰队将"费利王后"携往地中海做试验,检验靶机的飞行性能,更重要的是检验 Home 舰队防空火力的效能。当时,"费利王后"冲着 Home 舰队的密集防空火力飞行了 2h 而未被击中,这虽然说明当时海军防空兵器的低效,同时也充分说明靶机具有无可争辩的实用性。

1933 年英国研制成功"蜂后"(Queen Bee)靶机,随即投入批量生产。这种靶机在 1934—1943 年共生产了 420 架,每架都有 20 航次的飞行记录,这种靶机一直沿用到第二次世界大战以后。

苏联于 1934 年研制成ⅡO-2 靶机。在第二次世界大战后,又研制成采用冲压发动机的 La-17 靶机。

美国于 1939 年开始研制靶机,先后有 30 多家公司投入了靶机和遥控飞行器的研制,其中最负盛名的有瑞安公司研制的世界上生产最多的"火蜂"(Firebee)系列靶机,以及诺斯罗普公司的"石鸡"(Chukar)靶机系列等。

法国研制出 CT-20 与 CT-22 靶机;意大利研制出"米拉奇"系列靶机;澳大利亚研制出"金迪威克"无人靶机等。其他如加拿大、以色列、日本、德国、南非等国家也相继研制出多种靶机,甚至伊朗也研制出多种供火炮、飞机和导弹用的靶机,所以在较长一段时期内,无人机基本上是靶机的一种别称。

三、初步参展、崭露头角(1945 年至 20 世纪 80 年代末)

第二次世界大战后,随着技术的进步,各国开始尝试在靶机上安装一些测量装置,使其具有战场侦察、目标探测的能力,并开始将其应用于实战。20 世纪 60 年代至 70 年代的越南战争、70 年代至 80 年代的中东战争使无人机开始在战场上崭露头角,也促使无人机技术与功能的进一步拓展与提升。

越南战争初期,美军出动大批飞机对越南进行大规模轰炸,美军先后损失作战飞机 2500 余架,死伤飞行员 5000 多名,被俘人员中有 90% 是飞行员和机组人员。作战飞机的大量损失,使美军的作战行动严重受阻,也极大地阻止了美国政府战争意图的实现,使美军陷入了越战的泥潭。大批飞行员和其他作战人员的死伤和被俘,更使美国政府承受了来自国内的巨大压力。为此,美军也采取了许多办法,如对越南防空导弹的雷达系统进行干扰等。但由于越南人民军采取了反干扰措施,使得美军的方法收效甚微。

为了能以较小的损失摸清越南部队的情况,特别是防空力量的部署情况,美军最后想到了无人机,希望能用无人侦察机代替有人机实施侦察。无人机的平台选定为美国瑞安航空公司的"火蜂"-147 无人靶机。该无人靶机飞行时速在 900km 以上,高度大于 20000m,尺寸较小,雷达散射界面和红外信号特征都很小,不易被雷达发现,也不易被防空导弹击中,具有较强的战场生存能力。而且,无人靶机的成本低,当时一架无人靶机也就百万美元左右,相比一架有人机的 3000 多万美元再加机组人员来说,其损失是完全可以接受的。

出于战争的需要,瑞安航空公司为"火蜂"-147 无人靶机紧急加装了侦察照相和红外探测等设备,改装定型为"火蜂"-147D,如图 1.21 所示。从 1964—1975 年,"火蜂"侦察机在越南上空执行侦察任务,先后出动3400多架次,获取的情报占当时情报总量的80%,而其因击落和机械故障坠毁的损失率仅为16%,这意味着避免了近550架有人驾驶飞机被击毁,也避免了1000多名飞行员丧命越南。

图1.21　1955年瑞安航空公司研制的"火蜂"

"火蜂"侦察机在越南战场上的出色表现,使人们认识到无人机的新价值,也使无人机首次作为作战装备应用于实战,开辟了无人机应用和发展的新阶段。但是越战结束后,受到各方面西方势力的影响,美军开始忽视曾为他们立下汗马功劳的"火蜂"无人机,致使无人机技术的发展又一次被延缓下来。直到1980年前后,以色列在中东战争中直接运用无人机取得了辉煌的战果,才又一次激起了各国军方对无人机的浓厚兴趣。

在中东战争期间,以色列面对叙利亚、埃及和黎巴嫩,利用"萨姆"-6防空导弹构筑了一个严密的从几十米的低空到上万米高空的防空火力网,使得除以色列以外的飞机一旦进入,就基本无可生还。为了突破对手的防空网,以色列在向美国学习无人机技术的基础上,开始研制自己的新型无人机。他们把从美国引进的"石鸡"喷气式无人靶机和"壮士"无人靶机改装成能够模拟喷气式战斗机进行电子欺骗的无人机,又先后研制了"侦察兵"和"猛犬"两种无人侦察机,用于收集雷达信号和进行光电复合侦察,并且具备全天时工作能力。这些无人机为以色列夺取战争的胜利奠定了基础。

在1973年的第四次中东战争中,以色列沿苏伊士运河大量使用美制BQM-74C多用途无人机模拟作战机群,掩护战斗机超低空突防,成功地摧毁了埃及沿运河部署的地空导弹基地。1982年6月,以色列派遣地面部队入侵黎巴嫩南部,在贝卡谷地一带推进受阻。为了获得制空权,以色列计划清除叙利亚部署在贝卡谷地大量的苏制"萨姆"-6地对空导弹。6月9日上午,战斗正式打响,以色列军队先派遣大批"猛犬"无人机,从1500m高度进入贝卡谷地上空,发出酷似以色列军队战斗机的"电子图像",诱使叙利亚军队导弹阵地雷达开机并发射导弹。这一仗成为世界无人机运用史上的杰作。

就在以色列军队的第一批"战斗机"被叙利亚军队导弹击中爆炸的同时,以色列军队派出的"侦察兵"无人机收集到了叙利亚军队雷达的位置、频率等信息。根据这些信息,以色列军队携带着反辐射导弹和常规炸弹的先进战斗机对贝卡谷地的导弹阵地进行猛烈攻击,同时,炮兵也向叙利亚军队的地空导弹和高炮阵地猛烈开火。两小时的战斗结束后,以色列空军毫无损失,而叙利亚苦心经营10年、耗资20亿美元才建立起来的19个防空导弹阵地顷刻变成废墟。此后,叙利亚空军发起反击,却落入以色列布置的电子战陷阱中,在一天一夜的战斗结束后,叙利亚被击毁82架飞机,不得不让出制空权。

在中东战争中,以色列的无人机并没有想象中的成功,其适用性、数据链路的可靠性还较差,但以色列通过综合使用侦察、诱饵、电子干扰等多种无人机,与有人作战飞机配合,使叙利亚各类航空、防空武器系统遭到毁灭性打击,从而在战争初期就消灭了叙利亚军队80%以上的精锐武装,最终取得了战争的胜利。以色列无人机发展的成功经验和战场上辉煌的战绩震惊了全世界,再一次向世人昭示了无人机巨大的军事价值和潜在的作战能力。无人机也因此声名鹊起,进入了迅速崛起阶段。

四、从战场崛起到发展高潮阶段(20世纪90年代至今)

自20世纪80年代以来,无人机的军事价值逐渐被各国军方深刻认识,特别是在中东的贝卡谷地战役之后,人们认识到利用无人机在战时执行侦察、干扰、欺骗、电子支援等任务是非常有效的,不仅可以大大降低人员损失的风险,而且作战成本比有人驾驶飞机低得多。美、英等国的科学家和军方人士提出,要"重新全面考虑无人机在现代武器中的作用"。20世纪90年代以来的几场高科技局部战争,又给无人机提供了更加广阔的展示其作战才能的舞台。在面向现代和未来战场作战需求的牵引下,无人机进入了快速崛起与迅猛发展阶段。

在1991年的海湾战争中,美国、英国、法国、加拿大和以色列等国的无人机纷纷亮相战场,共投入200多架无人机。美军总共有6个"先锋"无人机连参战,执行了522架次飞行任务,累计飞行时间1638h,为多国部队实时了解战场态势及评估空袭效果提供了重要依据,对干扰、压制伊拉克防空体系和通信系统发挥了重要作用。

在科索沃战争中,美国及北约盟国首先使用无人机充当开路先锋发动进攻。战争中共使用"捕食者""猎人""先锋""红隼""不死鸟""米拉奇"-26和CL-289 7种型号的无人机300多架,用于中低空侦察和长时间战场监视、电子对抗、战况评估、目标定位、收集气象资料、营救飞行员和散发传单等。美军典型作战无人机——"捕食者"如图1.22所示。

图1.22　美军典型作战无人机——"捕食者"

在2001年的阿富汗反恐战争中,无人机更是大显身手,创造了无人机发展史上的又一个里程碑。战争开始后,美国为了加强对活动于阿富汗多山地区的塔利班和"基地"组织行动的了解,派出了"全球鹰"和"捕食者"无人机进行全天候侦察,并通过卫星链路及时将侦察图像传回至美国本土的指挥中心。为了能使无人机对地面目标直接实施打击,美国首次为

"捕食者"无人机挂载了两枚"海尔法"导弹。也正是这两枚导弹,谱写了无人机作战的辉煌一页。

2001年11月15日,"捕食者"无人机侦察到一个车队趁着夜幕开进了一个小镇,车上的人员全部进入了一座楼房。经过指挥中心的分析,这可能是"基地"组织正在召开一次重要会议。随即,他们调来了正在附近待命的F-15战斗机向大楼发射了导弹,同时,"捕食者"无人机也将其携带的两枚"海尔法"导弹准确地投向了大楼的停车场。顿时,楼房和停车场成为一片火海,其内的人员全部毙命。经后来查明,被击毙的正是"基地"组织二号人物穆罕默德·阿提夫及其随行人员。"捕食者"无人机的这次出色一击,成为无人机技术和功能的一个重要转折,意味着无人机开始具备低空探测和直接攻击地面目标的能力,无人机的用途开始扩展到直接的攻击作战。

在2003年的伊拉克战场,美军更是调集了10余种无人机参战,其数量是阿富汗战争时的3倍多,主要包括陆军的"猎犬""指针"和"影子"200无人机、海军陆战队的"龙眼"和"先锋"无人机、空军的"全球鹰"和"捕食者"无人机。另外,还包括其他几种小型的无人机系统,用于支援特种作战。这些无人机在对伊作战中都发挥了极大作用。

"捕食者"和"全球鹰"装有"地狱火"反坦克导弹,用于执行情报、监视、侦察、攻击任务。没有安装传感器的"捕食者"投入战场充当诱饵,以观察伊拉克的防空系统是否有所反应。"捕食者"统一由AC-130武装直升机发出的信号对其控制,在识别目标后将信号传输给作战区内的战斗机,再由战斗机向目标投掷炸弹。"捕食者"上的摄像机将数据传输给地面上的无人机操作员,由操作员通过无线电将信息发送给美英联军。"全球鹰"则在巴格达上空执行了数次作战任务,收集图像3700多幅。据五角大楼公布的数据,美军在伊拉克战争中进行了RQ-1"捕食者"无人机导弹攻击试验——借助机载激光目标指示仪,引导其挂装的"地狱火"空地导弹攻击地面目标。"捕食者"共攻击并摧毁了12个地面目标,有防空导弹连、导弹发射装置、伊拉克电视台雷达和卫星设施等。这标志着现代战争开始进入无人化作战阶段。

今天,无人机领域可谓群雄纷争,传统无人机厂商不断取得技术性突破,新兴企业进入大众视野,如大疆的航拍无人机,已经大范围覆盖了民用无人机市场。

民用无人机行业在这个时代得以兴起和发展,主要原因有以下四点。

(1)飞控系统开源。飞控系统开源是民用无人机行业崛起的"导火索",Arduino是最早的开源飞控之一,随后,APM、PPZ、PX4、Pixhawk、MWC、Openpilot等开源飞控进入市场,使得无人机制造领域门槛降低,甚至可以购买零部件自己动手开发无人机。

(2)硬件成本下降。近年来,硬件正在向小型化、低功耗、低成本方向迈进,这为无人机制造业创造了良好的发展环境,以锂离子电池为例,伴随着能量密度的不断提高,锂离子电池的价格已经从近1300美元/(kW·h)降至不到300美元/(kW·h),面向消费级领域的MEMS惯性传感器随着市场需求的不断增加,使得制造商数量猛增,竞争加剧,MEMS惯性传感器单价不断下降,量产后的售价不足1美元。

(3)产业链逐渐完善。近年来,中国企业已经从传统的代工模式转为自主研发,从而推动"中国制造"向"中国智造"转型。此外,以无人机培训和数据采集为代表的无人机服务业正在兴起,使得产业链逐渐完善。

(4)市场需求增加。技术的进步使得无人机的应用领域逐渐扩大,凭借着安全、便携、成本低的优势,无人机受到更多人的青睐。目前,民用无人机的用途达到几百种,中国的民用无人机企业近400家,无人机在我国的警用安防领域也已经初具规模,在农业、电力业、能源业、灾难救援、快递行业等方面快速发展,后面将对这些应用领域详细讲解。

第三节　无人机分类

无人机的迅速发展使得无人机的种类繁多、型号各异,而且新概念还在不断涌现,创新广度和深度也在不断加大。目前,无人机的分类尚无统一、确定的方法。现将已有的各种分类方法整理、归纳如下。

一、按照动力源分类

根据动力源的不同,无人机可分为油动无人机、电动无人机、氢燃料无人机和太阳能无人机等。

油动无人机采用燃油(汽油)作为驱动(图1.23(a)),电动无人机采用电池(化学电池)作为驱动(图1.23(b))。油动无人机明显的优点是续航时间长,但存在安全隐患,坠机可能引发火灾;而电动无人机则安全得多,但受限于电池性能,续航时间较短。

(a) 油动无人机　　　　　　　　　　　(b) 电动无人机

图1.23　无人机1

氢燃料无人机(图1.24(a))弥补了电动无人机续航能力弱的缺点,续航时间可达数小时,太阳能无人机(图1.24(b))是指使用太阳能电池作为驱动力的无人机,也是未来无人机的发展方向。

(a) 氢燃料无人机　　　　　　　　　　(b) 太阳能无人机

图1.24　无人机2

二、按照不同平台构型分类

按照不同平台构型来分类,无人机主要有固定翼无人机、无人直升机和多旋翼无人机三大平台。其他小种类无人机平台还包括伞翼无人机、扑翼无人机和无人飞船等。

注:各平台构型的机型本章只做简单说明,第二章将会详细介绍各平台构型的飞行器。

1. 固定翼无人机

固定翼无人机机身装有机翼(图1.25),依靠机翼与空气的相对运动来产生升力。机翼具有特殊的形状,当动力装置产生前进的推力时,空气就会向上托起机翼,从而带动整个飞机,克服地球万有引力,为飞机提供升力。固定翼飞机后面还有一个尾翼,为飞机配平、调整姿态和方向,包括垂直尾翼和水平尾翼两部分。固定翼飞机机身下面装有起落架,支持飞机的停放,由支柱、缓冲器、刹车装置、机轮、收放机构组成,是为飞机起飞、降落时在跑道滑行使用的。

图1.25　RQ-11A/B"大乌鸦"固定翼无人机

固定翼无人机具有续航时间长、飞行效率高、载荷量大等优点。但是,固定翼无人机也有不能悬停在空中、不够灵活、起飞和降落对场地要求高等局限性。

2. 无人直升机

直升机顶部装有螺旋桨,一般由2~5片桨叶组成,通过高速地旋转旋翼产生升力。常规直升机的尾部都有一个旋翼,这个螺旋桨是平衡主旋翼桨产生的反扭力,并且辅助控制直升机的航向,如图1.26所示。

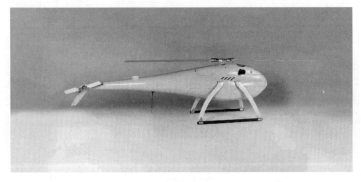

图1.26　无人直升机

无人直升机具有能在空中悬停、垂直起降、飞行灵活等优点。同样,它也有续航时间短、机械结构复杂、维护成本高等缺点。

3. 多旋翼无人机

多旋翼无人机(图1.27)是一种具有三个及以上旋翼轴的特殊无人驾驶直升机,分为正桨和反桨,分别向不同方向旋转,用来平衡扭矩,通过每个轴上的电机转动,带动旋翼,从而产生升力。旋翼的轴距固定,通过改变不同旋翼之间的相对转速来改变单轴推力的大小,从而控制无人机的飞行姿态。

图1.27 多旋翼无人机

多旋翼无人机具有结构简单、能够实现空中悬停、维护费用低、操作简单、飞行灵活等诸多优点。同样,它也有续航时间短、载荷量小等缺点。

4. 无人飞艇

飞艇由一个巨大的流线型气囊、吊舱、起稳定作用的尾面和推进装置组成(图1.28)。气囊里面充满轻于空气的气体(如氢气和氦气),为飞艇提供升力。它与热气球最大的区别在于具有推进和控制飞行状态的装置。无人飞艇可广泛应用于空中监视、巡逻、中继通信、空中广告宣传等。

图1.28 "远程多情报飞行器"无人飞艇

无人飞艇具有噪声低、能耗少、能短距离起飞等优点。同时,它也有移动速度慢、受风力影响大、气体成本高的缺点。

5. 伞翼无人机

伞翼无人机(图 1.29)是德国人在中国风筝的基础上发明用柔性伞代替刚性机翼的飞机,其结构简单,三纵一横构成框架主体,上面蒙上伞布,下面悬挂动力飞行仓,伞翼大部分为三角形,也有长方形的,利用垂直的螺旋桨产生推力,伞翼迎角向上,为飞机提供升力,在存放伞翼无人机时机翼可以像收伞一样折叠存放。适合低空飞行,常用于运输、勘察、科学考察等。

图 1.29　伞翼无人机

伞翼无人机具有结构简单、成本低、飞行平稳、起飞和降落距离短的优点。同时,它也有飞行高度较低、飞行速度慢、受风力影响大的缺点。

6. 扑翼无人机

扑翼无人机(图 1.30)是根据仿生学原理演化而来的,它可以利用不稳定气流的空气动力学,以及利用肌肉一样的驱动器代替电机进行飞行作业。其灵感来自于鸟类和会飞的昆虫通过翅膀的振动来获取升力。

图 1.30　扑翼无人机

扑翼无人机具有外观小巧灵活、飞行效率高、能耗低、抗风性强的优点。同时,它还有结构复杂、载重量小等缺点。

三、按用途分类

按用途划分,无人机可分为军用无人机和民用无人机。民用无人机又划分为工业级无人机和消费级无人机。

(一)军用无人机

军用无人机(图1.31)现在已经成为现代空中军事力量的一部分,具有无人员伤亡、使用限制少、隐蔽性好、效费比高等特点,在现代战争中的地位和作用日渐突出,在近期的历次局部战争中发挥了不可替代的作用。军用无人机的种类很多,如侦察无人机、诱饵无人机、电子对抗无人机、攻击无人机、战斗无人机、察打一体机等。

图1.31 军用无人机(张小洪 摄)

(二)民用无人机

1. 工业级无人机

工业级无人机主要应用于各个行业代替人工作业。根据工作需求,工业无人机要求有续航时间长、飞行距离远、任务载荷量大、安全保障更可靠的优势。

2. 消费级无人机

常见的无人机大部分为消费级无人机,也是数量和种类增长最快的无人机种类。消费级无人机一般是旋翼机,体积小、续航能力和飞行距离有限、价格便宜,主要用于航拍和娱乐。

四、按尺度分类

无人机可分为微型无人机、轻型无人机、小型无人机及大型无人机。

(1)微型无人机是指空机质量不大于7kg的无人机。

(2)轻型无人机是指空机质量大于7kg,但不大于116kg的无人机,且全马力平飞中校正空速小于100km/h,升限小于3000m。

(3)小型无人机是指除微型和轻型无人机以外空机质量不大于5700kg的无人机。

(4)大型无人机是指空机质量大于5700kg的无人机。

2018年8月14日,中国民用航空局发布《关于对〈民用无人机驾驶员管理规定〉咨询通告征求意见的通知》。飞行标准司修订了咨询通告《民用无人机驾驶员管理规定》,该通告对民用无人机的分类做了调整,表1.2所示为调整后的使用无人机等级分类表。由于无人机发展迅速,相关部门对无人机的管理和分类会根据实际情况更新,如有更新,可参考最新资料。

表 1.2　民用无人机等级分类表　　　　　　　　　　单位：kg

等级分类	空机质量	起飞全重
Ⅰ	0＜W≤0.25	
Ⅱ	0.25＜W≤4	1.5＜W≤7
Ⅲ	4＜W≤15	7＜W≤25
Ⅳ	15＜W≤116	25＜W≤150
Ⅴ	植保类无人机	
Ⅵ	无人飞艇	
Ⅶ	超视距的Ⅰ、Ⅱ类无人机	
Ⅷ	116＜W≤5700	150＜W≤5700
Ⅸ	W＞5700	

注：1. 实际运行中，Ⅰ、Ⅱ、Ⅲ、Ⅳ、Ⅺ类分类有交叉时，按照较高要求的一类分类。

2. 对于串、并列运行或者编队运行的无人机，按照总重量分类。

3. 地方政府（如当地公安部门）对于Ⅰ、Ⅱ类无人机重量界限低于本表规定的，以地方政府的具体要求为准。

4. 分布式操作的无人机系统或者集群，其操作者个人无须取得无人机驾驶员执照。

5. 分类等级排列顺序由低到高依次为Ⅶ、Ⅷ、Ⅳ、Ⅺ、Ⅻ，高分类等级执照可行使低分类等级执照权利（Ⅴ、Ⅵ分类等级不按重量级别划分）。

五、按活动半径分类

无人机可分为超近程无人机、近程无人机、短程无人机、中程无人机和远程无人机。

超近程无人机活动半径在 15km 以内，近程无人机活动半径在 15～50km，短程无人机活动半径在 50～200km，中程无人机活动半径在 200～800km，远程无人机活动半径大于 800km。

六、按任务高度分类

无人机可以分为超低空无人机、低空无人机、中空无人机、高空无人机和超高空无人机。超低空无人机任务高度一般在 0～100m，低空无人机任务高度一般在 100～1000m，中空无人机任务高度一般在 1000～7000m，高空无人机任务高度一般在 7000～18000m，超高空无人机任务高度一般大于 18000m。图 1.32 所示为一款高空无人机。

图 1.32　高空无人机 MQ-4C "海神"（图片来源：诺斯罗普·格鲁门公司）

第四节　无人机应用

无人机在军事领域的应用经历了从靶机到侦察机再到攻击机的发展历程,在军事领域发挥了重要作用。由于无人机在执行任务时具有工作时间长、机动能力强、操作简单、成本低、低空高分辨率、能进入危险环境等优点,因而在民用领域的应用呈井喷式发展。下面是无人机在几个典型民用领域中的应用。

一、天气预报及全球变暖的研究

美国海洋与大气局(NOAA)已着手采用无人机进行天气预报和全球变暖的研究。中国科研人员也曾在第 24 次南极考察中开展了首次极地无人机应用验证试验,在中山站以北的 150m 超低空飞行了 30km,对南极浮冰区进行冰情侦察。图 1.33 所示为用作探测飓风的"全球鹰"无人机。

图 1.33　用于探测飓风的"全球鹰"无人机(图片来源:美国宇航局)

二、森林火警监控及重大灾难的抢险

中国幅员辽阔,地质灾害频发,灾前预警、灾时监测、灾后重建等需对灾区进行多次反复遥感动态监测,搭载了高清拍摄装置的无人机对受灾地区进行航拍,可提供第一手的最新影像。利用无人机的机载视觉系统可迅速、有效、全方位地搜寻自然灾害及突发事故中的遇难者和幸存者。

在四川汶川大地震和玉树地震的灾难中,中国科学院遥感所和地理所首批科研人员携带的无人飞机,在交通道路设施毁坏严重、天气条件恶劣的情况下,利用无人机带回了大量的灾区现场数据资料,为抢救人民群众生命财产安全起到了重要作用。无人机系统还可以用来探测、确认、定位和监视森林火灾,在没有火灾时可以用无人机来监测植被情况,估算含氢量和火灾风险指数,在火灾过后也可以用来评价灾后的影响。无人机在灾害天气或者受污染的环境下执行高危险性任务时,具有无可比拟的优势。图 1.34 所示为无人机拍摄的地震后情形。

图 1.34　地震后无人机航拍图（图片来源：成都商报）

三、电力行业应用

（一）电力巡检

无人机可在空中高效进行高压输电线路电网巡检，石油、天然气管道巡检，高速公路与铁路线路巡检，江、河、湖海沿岸的空中巡查与环境监控等多方面任务。装配有高清数码摄像机和照相机以及 GPS 定位系统的无人机，可沿线路进行自主巡航普查，实时传送拍摄影像，监控人员可在计算机上同步收看与操控。

无人机巡检线路具有不受地形环境限制、性价比高等优势，同时无须顾虑其意外坠毁可能导致的机上人员伤亡等问题，又能勘测到人眼的视觉死角，还可以免去人员攀爬杆塔之苦，对于迅速恢复供电很有帮助，因此备受电力行业的欢迎。近年来，国内外电力企业和政府部门纷纷开展无人机在电力系统线路巡视中的应用。

目前，多家公司针对电力线路巡视开发了专门的无人机系统。

（二）无人机放线

最原始的架线方式是人力展放牵引绳，适合一般跨越，但是施工效率低，而且对于特殊跨越难度较大。

电力无人机架线可以轻松地飞越树木，向地面空投导引绳。带电跨越这种情况通常存在于线路改造过程中，需要在一条通电线路的基础上横跨一条新的线路，为了保证施工人员的安全，无论多重要的线路，传统施工只能先对原线路进行断电后再施工，而用电力无人机来架线，就可避免断电的情况。电力无人机配上自主飞行系统就可以完成巡线等任务，在减少人员劳动强度和难度的同时，电力工人的人身安全也得到了保障。

四、农林、国土、环境监测

农林、国土和环境监测是地理国情监测的基础内容，以往一般采用基于国外卫星数据或影像长时间序列的动态监测方法,但是随着动态监测需求时间的缩短、分辨率的提高、常态化的发展,这种方法难以满足当前的需求。测绘无人机可进行分辨率为5cm的全覆盖航拍,通过选取地面控制点进行正射纠正,提高影像的几何精度,能够制作出精度高、定位准的正射影像图,用于国土和环境监测,及时地反映各种国土资源的具体情况,增强资源开发、环境保护与灾害防治的预见性,逐渐在农林、国土、环境等监测中推广使用。

五、海洋监测

我国地处太平洋西岸,濒临渤海、黄海、东海和南海,大路岸线长逾18000km,岛屿6000多个。我国正处于由一个陆地大国向海洋大国的迈进过程中,如何对周边海域进行常态测绘监测是一个非常关键的问题。无人机监测是海洋监测的重要手段之一,它主要针对海面目标或海岛礁进行常态监测,可以方便地由任何船只搭载,可广泛应用于海岸带资源环境监测、近海污染监测、海岛资源调查、重点海洋工程制图及极地科学考察和水色遥感、海洋安全监控等。图1.35所示为海洋守护者利用无人机保护海洋生物。

图1.35　海洋守护者组织利用无人机保护海洋生物

六、农业应用

(一)植保

我国拥有18亿亩基本农田,每年农药中毒人数达10万之众,植保无人机可以有效解决效率和安全性问题。植保无人机平台多采用无人直升机或多旋翼无人机,其作业效率高、单位面积施药液量小、无须专用起降机场、机动性好。可远距离植保作业从根本上避免了作业人员暴露在农药中的危险,改善了操作者的劳动条件。植保无人机在水田作业和应对爆发性病虫害等方面已经表现出了突出的优势,而且可以应对农村劳动力减少的问题。一般电动植保无人机(如极飞P20、TXA-翔农等)续航时间在15～30min,药箱容量在10kg以内。油动植保无人机续航时间达1h,药箱容量达20kg。近年来,续航时间长、载药量多、可靠性高的植保无人机正在飞速发展中。图1.36所示为农业植保无人机在工作。

图 1.36　无人机喷洒作业

（二）农田信息监测

　　无人机农田信息监测（图 1.37）主要包括病虫监测、灌溉情况监测及农作物生长情况监测等，无人机农田信息监测具有范围大、时效强和客观准确的优势，是常规监测手段无法企及的。

　　近年逐渐开展起来的农用无人机作业在化肥施撒、农作物授粉、播种等方面充分显示出优势，无人机操控手通过地面遥控及 GPS 定位对其实施控制，不直接操作机器，从而有效避免了人员伤亡。这些都使得农用无人机成为农业植保领域研究和应用的热门机型，深受农户欢迎。

图 1.37　无人机农田信息监测

七、航拍

　　航拍是目前无人机最受欢迎的功能之一，也是最易进入大众视野的功能。无人机航拍广泛应用于影视作品拍摄、婚纱摄影、日常合影、自拍等生活的方方面面。较之有人驾驶飞机的航拍，无人机航拍更安全、成本更低、航拍质量也更高，如"大疆精灵""悟"等消费级多旋翼无人机均具有较好的成像效果。配合虚拟现实技术的发展，是无人机在消费领域的热门应用。

八、物流

运用无人机进行快递和物流运输是近些年来的新兴行业,目前还处于研发和论证阶段,它是指利用无人机和无人机群进行人无法到达区域的货物快速运输任务,如高原、山区、偏远地区等,以达到降低人员运输成本、快捷输送的目的。国内外知名物流运输公司和商家,如 DHL 联邦快递、UPS、Google、亚马逊、顺丰速运等公司正加快该行业的研发推进。最著名的要数亚马逊的 Prime Air 无人机物流计划。现在,亚马逊的 Prime Air 已经迭代进入第九代,可负重 5 磅(lb,1lb≈0.45kg)货物,而这个重量覆盖了 86% 的品类,同时能够达到超过 50km/h 的速度飞行。相关研究表明,无人机快递合计每单不到 0.5 元的成本,相比目前的人工物流成本有了明显降低,因此从经济成本来看,无人机送货具备明显的经济效益。

九、通信中继

无人机中继通信(图 1.38)是一种非常有效的空中平台中继通信方式,无人机通信平台机动性好,费效比低,易于部署和控制,通信组网方式灵活,通信设备更新换代方便。

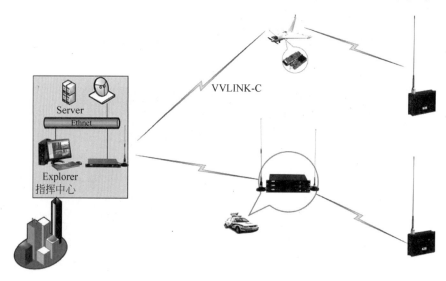

图 1.38　无人机用于通信中继

十、地理测绘

利用无人机超低空飞行方式对地面拍摄图片,再利用摄影测量学的原理及立体测图仪,配合相关测绘软件,为地质科考与测绘人员提供可靠的高精度数据来源依据。通过航摄所获取的竖直摄影影像、交向摄影影像、倾斜影像以及复杂航线多基线摄影影像,通过多视角影像匹配自动构建空中三角测量网,配合低空遥感的高分辨率影像,实现高精度航测定位。并且能自动生产数字高程模型(DEM)、数字正射影像(DOM)、三维景观模型和三维地表模型等可视化数据,便于进行各类环境下应用系统的开发和应用。

十一、警用

警用无人机在安防领域应用广泛,如城市防控、消防救灾、缉毒边防等。其不仅可以迅速赶到现场采集数据、实时传输视频信息给指挥中心以供决策,更能提供大范围、多角度现场观察。作为警用航空的重要组成部分,警用无人机应用受到公安部门高度重视。

科技探索是一条不断进取的道路,无人机的应用越来越广泛,国内乃至国际对无人机专业人才的需求迫切,众多高校都在积极筹备或已经开展无人机专业人才的培养,相信经过专业培养的无人机人才对无人机事业的发展会起到重大的推动作用。

课 后 题

一、选择题

1. 从定义来说,下列不属于无人机控制方式的是(　　　)。
   A. 无线电遥控操纵方式 　　　　　　　 B. 无线电遥控和自主程序控制操纵
   C. 完全自主程序操纵 　　　　　　　　 D. 机载载荷单独控制

2. 无人机及无人机系统英文简写正确的格式为(　　　)。
   A. UAS、UAV 　　　 B. UVA、UAS 　　　 C. UAV、UAS 　　　 D. UAS、UVA

3. 下列不属于任务载荷部分的是(　　　)。
   A. GPS 　　　　　　　　　　　　　　 B. 相机
   C. 搜救任务搭配的热成像仪 　　　　　 D. 机械臂

4. 无人机的诞生得益于(　　　)装置成功应用在飞行器上。
   A. GPS 　　　　 B. 自动陀螺仪 　　　 C. 遥控及接收机 　　　 D. 飞行控制器

5. 轻型无人机是指(　　　)。
   A. 空机质量大于 7kg,但小于等于 116kg 的无人机,且全马力平飞中,校正空速小于 100km/h,升限小于 3000m
   B. 空机质量大于等于 7kg,但小于 116kg 的无人机,且全马力平飞中,校正空速小于 100km/h,升限小于 3000m
   C. 空机质量大于等于 7kg,但小于 116kg 的无人机,且全马力平飞中,校正空速大于 100km/h,升限小于 3000m
   D. 空机质量大于 7kg,但小于等于 116kg 的无人机,且全马力平飞中,校正空速小于 100km/h,升限大于 3000m

6. 2018 年 8 月 14 日,中国民用航空局发布《关于对〈民用无人机驾驶员管理规定〉咨询通告征求意见的通知》。飞行标准司修订了咨询通告《民用无人机驾驶员管理规定》,该通告对民用无人机的分类做了调整,下列等级分类表正确的是(　　　)。
   A.

单位:kg

等级分类	空机质量	起飞全重
I	$0 \leqslant W \leqslant 0.25$	

B.

单位：kg

等级分类	空机质量	起飞全重
Ⅱ	$0.25<W\leqslant4$	$1.5<W\leqslant7$

C.

单位：kg

等级分类	空机质量	起飞全重
Ⅰ	$0<W\leqslant1.5$	

D.

单位：kg

等级分类	空机质量	起飞全重
Ⅲ	$4\leqslant W<15$	$7\leqslant W<25$

7. 短程无人机活动半径为（　　　）。
    A. 15km 以内   B. 15～50km
    C. 50～200km   D. 200～800km

8. 中空无人机的任务高度一般在（　　　）。
    A. 0～100m   B. 100～1000m
    C. 1000～7000m   D. 7000～18000m

二、思考题

1. 列举三种及以上军用无人机种类。

2. 多旋翼无人机是怎样抵消反扭力以保持平稳飞行的？

3. 无人直升机尾翼的作用是什么？

第二章

无人机系统组成

第一节 无人机系统组成简介

无人机系统（unmanned aerial system，UAS）也称无人驾驶航空器系统（remotely piloted aerial systems，RPAS），是指一架无人机、相关的遥控站、所需的指令与控制数据链路以及批准的型号设计规定的其他部件组成的系统。

一、典型无人机系统组成

典型的无人机系统由飞行器、地面站、通信链路组成。其中，飞行器中包含飞行器机体结构、动力装置、起降系统、任务载荷设备、飞控导航设备和机上通信链路部分。

地面站包括地面通信链路部分、地面遥测系统和地面遥控系统。

通信链路包括机上通信链路和地面站通信链路，它是飞行器平台和地面控制站的通信工具。

图 2.1 所示为无人机系统的组成示意图。

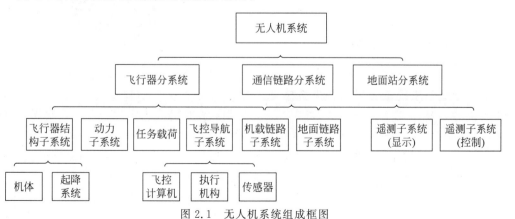

图 2.1 无人机系统组成框图

图 2.1 只是一种无人机系统组成划分形式,也有不同形式的划分。比如,为了突出任务载荷,将无人机系统划分为任务载荷、飞行器平台、通信链路、地面站等。

二、飞行器

飞行器平台是无人机系统在空中飞行的主体部分,其中飞行器机体是任务载荷的载体。无人机系统的飞行器是指由人类制造、能飞离地面、主要在大气层内飞行的航空器。飞行器机体主要是指无人机的机体结构和起降系统,它为动力装置、导航飞控系统、电力能源系统、任务载荷设备等机载设备提供了搭载平台。狭义上也把单独机体结构和起降系统称为飞行器平台,实际上是指飞行器平台的主体结构。飞行器平台的形式可以是固定翼、旋翼类等重于空气的动力驱动无人机,也可以是气球、无人飞艇等轻于空气的飞行器。图 2.2 所示为几种类型的飞行平台。

(a) 固定翼无人机平台

(b) 多旋翼无人机平台

(c) 无人飞艇平台(图片来源:广西新华网,苏华 摄)

图 2.2　几种类型的飞行平台

动力装置为无人机提供动力来源,保证其在空中正常飞行。民用无人机的动力装置通常采用小型涡喷发动机、活塞发动机和电机。对于军用无人机,其动力装置通常采用活塞发动机、涡喷发动机,而大型军用无人机则采用涡扇发动机,可提高其续航能力。对于大型无人直升机,通常采用涡轮轴发动机作为动力装置。图 2.3 所示为无人机经常采用的动力装置——活塞发动机。

图 2.3　奥地利 ROTAX914F 活塞发动机

三、飞控导航系统

飞控导航系统可划分为导航子系统和飞控子系统。导航子系统主要采用各类传感器来测量无人机的位置、速度及飞行姿态,并引导无人机沿指定航线飞行。飞控子系统是无人机的"大脑",完成有人机的驾驶员职能,对无人机实施飞行控制与管理,指导无人机完成起飞、巡航飞行、任务执行、降落(回收着陆)等飞行过程。导航飞控系统由传感器、自动驾驶仪(飞控计算机)、执行机构组成。图 2.4 所示为无人机自动驾驶仪的实物。

电力系统可以分为机载电力系统和地面电力系统。大型无人机的机载电力系统由主电源、应急电源、配电系统、用电设备、电力设备的控制与保护装置等部分组成,其中电源和配电系统构成了无人机的机载供配电系统。一般小型无人机上的电力系统较为简单,主要给动力系统和飞控导航系统供电,可单独供电也可一起供电。

图2.5所示为微型无人机常用的锂电池电源。

图2.4　无人机自动驾驶仪实物　　　　图2.5　微型无人机常用的锂电池电源

任务载荷设备是无人机执行任务所需的功能性设备,也称为有效载荷,其通常是无人机上最为昂贵的部分,也是无人机的价值所在。按照用途可以将任务载荷设备划分为航拍、侦察搜索设备、测绘设备、数据通信设备、军用专用设备及武器设备、民用专用设备等。图2.6所示为四旋翼无人机上的航拍相机,用于侦察、搜索和测绘等。

图2.6　四旋翼无人机上的航拍相机

四、地面站

地面站也称为控制站,其主要功能包括指挥调度、任务规划、操作控制、显示记录等。地面站不仅是无人机系统的操作控制中心,从无人机上传来的视频、命令、遥测数据也在这里处理和显示。地面站主要分为遥测系统和遥控系统,遥测系统接收无人机下行链路数据,并在显示端口实时显示。遥控系统发送地面操纵指令,指挥无人机按照指定航线飞行并完成任务。

地面站系统由任务规划设备、控制和显示操作台、视频和遥测设备、计算机和信号处理模组、地面数据终端、通信设备等组成。

图2.7所示为"捕食者"无人机的地面站实物。

图 2.7 "捕食者"无人机的地面站实物

五、通信链路

通信链路也称为数据链,主要是指用于无人机系统传输控制、无载荷通信、载荷通信三部分信息的无线电链路。它为无人机提供了双向通信能力,分为机载链路和地面站链路两部分。机载系统向地面站设备传输数字、图像信息,称为下行链路。地面站系统向机载设备发送航线指令、任务指令,称为上行链路。通信链路可以采用按需求开通的工作模式,也可以采用连续工作模式。图 2.8 所示为无人机通信链路的工作示意图。

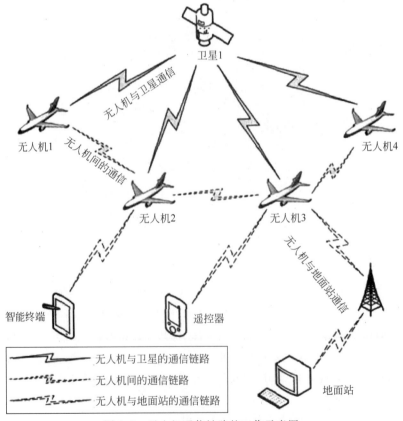

图 2.8 无人机通信链路的工作示意图

第二节　飞行器平台组成及结构

按照系统组成,广义的飞行器平台包含飞行器结构、动力系统、飞控导航设备和任务载荷设备。本节飞行器平台只涉及前两项,即飞行器结构和动力系统,不包含电子设备。飞行器平台分为固定翼无人机平台、无人直升机平台和多旋翼无人机平台。

一、固定翼无人机平台

固定翼无人机气动布局主要有正常式布局、三翼面布局、鸭式布局和无尾布局。由于正常式布局较为成熟、操稳特性好、结构可靠性高,市场上常见的无人机多为正常式布局。

正常式布局飞机由机翼、机身、尾翼、起落架等组件组成。尾翼位于机翼后面。

图2.9所示为一种正常式布局无人机——航测无人机的实物。

图2.9　正常式布局无人机

在不包含电子设备的情况下,固定翼无人机平台由机翼、机身、尾翼、起降系统、动力系统等部分组成。固定翼无人机的通用结构如图2.10所示。

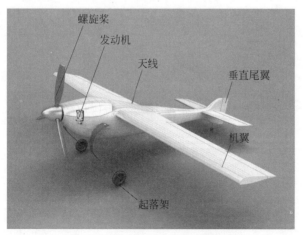

图2.10　固定翼无人机的通用结构

固定翼无人机依靠机翼与空气的相对运动产生足够的升力维持空中飞行。机翼主要由主翼面、可动的副翼和襟翼(微型和轻型无人机没有)组成。副翼主要用于滚转操纵控制,襟翼主要用于起降阶段的增升。无人机结构有多梁式、多墙式、单块式等。典型单梁式固定翼无人机机翼的结构如图2.11所示。机翼由翼梁、桁条、翼肋、前墙、后墙、蒙皮、接口、加强肋等组成(微型和轻型无人机可以没有前墙)。

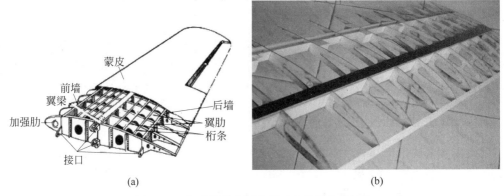

图 2.11　典型单梁式固定翼无人机的机翼结构

　　机身产生的升力很小,主要用于装载设备、燃料、有效载荷等装置,将机翼、尾翼、起落架、动力装置连接成一个整体。固定机翼无人机的机身有桁梁式、桁条式、硬壳式三种类型。图 2.12 所示为典型固定翼无人机的机身结构。

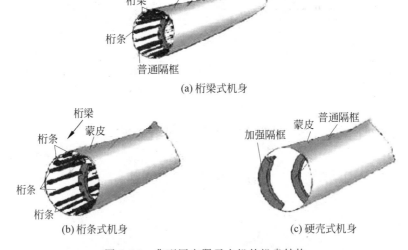

(a) 桁梁式机身

(b) 桁条式机身　　　　　　　(c) 硬壳式机身

图 2.12　典型固定翼无人机的机身结构

　　尾翼用来配平、稳定和操纵固定翼无人机,包括垂直尾翼和水平尾翼两部分。方向舵控制固定翼无人机的偏航运动,它安装在垂直尾翼的垂直安定面之后。升降舵用于控制固定翼无人机的俯仰运动,它安装在水平尾翼的水平安定面后部。图 2.13 所示为固定翼无人机尾翼的组成示意图。尾翼有多种布局形式,如 T 形尾翼、V 形尾翼、H 形尾翼等。此外,还有一些无尾布局的无人机。

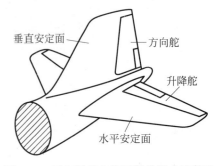

图 2.13　固定翼无人机尾翼的组成示意图

固定翼无人机起降系统有多种,如弹射起飞、小车起飞、空中投放、火箭发射、滑橇起降、轮式起降、手抛起飞等方式。其中,前面四种起飞方式受起飞场地的限制较小,但均需伞降回收。

手抛起飞主要用于15kg以下的微型无人机,在发动机点火或电机启动至推力最大后,由释放员手动抛射起飞,如图2.14所示。

图2.14　手抛起飞

手抛起飞方式简单、方便,可以减轻结构质量,适合单兵作战需求,抛射起飞对无人机起降系统要求较低,但是只适用于质量较轻的无人机,如果释放失败后可能会对无人机造成毁灭性的损坏,并对抛射者产生一定危险。

在火箭助推式起飞方式中,无人机安装在发射架上,尾部火箭点火以产生起飞速度所需的推力。火箭助推式起飞方式主要用于小型无人机和轻型无人机,现在仍然服役的"红"Ⅱ型靶机就是采用的这种方式。

火箭助推式起飞方式的推力大,受外界环境的干扰小,且无须跑道,成功率很高。但是,由于采用火箭助推,所以成本较高,发射前准备时间也较长。在消费级和工业级无人机中较少使用。

弹射起飞方式中,无人机安装在弹射支架上,由弹射装置产生推力,使无人机加速到起飞离地速度实现起飞。弹射起飞方式如图2.15所示。

图2.15　弹射起飞

弹射起飞方式集合了滑跑起飞和火箭助推的优点,对跑道要求低,受外界环境的干扰小,成功率高,成为当今轻型无人机的主要发射方式。

轮式起降的起落架主要用来支撑固定翼无人机的停放,并用于滑行、起飞和着陆滑跑,由支柱、缓冲器、刹车装置、机轮、收放机构组成。这种起飞方式在小型无人机和大型无人机中应用较多。一般微型无人机和轻型无人机没有收放机构,缓冲器也较为简单。

图 2.16 所示为固定翼无人机起落架的结构。

图 2.16　固定翼无人机起落架的结构

二、无人直升机平台

无人直升机是一种重于空气的航空器,与固定翼无人机由机翼产生的升力不同,无人直升机主要是由旋翼旋转产生相对于空气的运动而获得升力。除了提供升力外,无人直升机的旋翼还为其提供推进力,使其具有大多数固定翼无人机平台所不具备的垂直升降、悬停、小速度向前或向后飞行的特点。与固定翼无人机相比,无人直升机的飞行速度低、耗油量较高、航程较短。

无人直升机还有一大特点,即旋翼旋转产生的反扭效应。无人直升机的旋翼为其提供了升力和推进力的同时,其机身也会受到反扭矩的作用而产生向反方向旋转的趋势。为了克服旋翼旋转产生的反作用扭矩,一般采用在机身尾部安装尾桨或采用双旋翼设计。按照克服旋翼反作用扭矩的不同,可以将无人直升机分为单旋翼尾桨无人直升机、共轴双旋翼无人直升机、横列式双旋翼无人直升机和纵列式双旋翼无人直升机。其中前两种在无人直升机中应用较为广泛。

单旋翼尾桨的传统无人直升机由发动机、机身、旋翼、传动系统和尾桨组成。旋翼的自动倾斜器可以实现总距和周期变距操纵,尾桨一般具有总距操纵的功能。旋翼和尾桨安装有分离减速器以调节旋翼和尾桨的转速。图 2.17 所示为单旋翼带尾桨直升机型无人机实物。无人直升机对操控人员的操纵要求较高,尤其是在逆风飞行和有侧风的情况下操控人员更应谨慎操作。

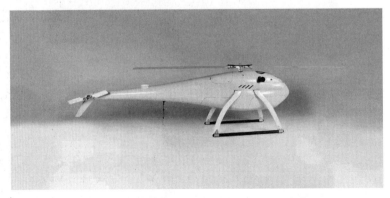

图 2.17　单旋翼带尾桨直升机型无人机实物

共轴双旋翼无人直升机具有两个变桨距旋翼,彼此同轴反向旋转,抵消扭矩。其优点是无须机身,结构更加紧凑,载荷更大,常用作大载荷无人机。

三、多旋翼无人机平台

多旋翼无人机出现在21世纪初,它依靠若干旋翼为无人机的飞行提供升力和推进力。多旋翼无人机的旋翼大小相同,分布位置对称,通过调节旋翼转速来调整实现无人机的悬停、前进等飞行动作。由于多旋翼无人机需要对旋翼的旋转速度进行精准的同步调制,因此往往选用电机作为旋翼驱动装置。多旋翼无人机飞行稳定、操纵灵活、结构简单、体积小、重量轻、成本低,可以在人不宜进入的各种恶劣环境下工作,常用来执行航拍取景、实时监控、地形勘探等任务。目前,多旋翼无人机在快递等新兴领域也得到了一定应用。鉴于多旋翼无人机诸多优点,多旋翼无人机也最容易进入大众消费的领域,已在消费领域得到了广泛应用。

多旋翼无人机平台由机身主体、动力系统和控制系统组成。其中,机架、支臂、起落架、任务载荷设备构成了机身主体,电机、螺旋桨、电调、电池构成了动力系统,也是其旋翼系统。飞控导航设备、机上数据链路构成了控制系统。多旋翼无人机的旋翼个数大多为偶数(少数为三旋翼无人机),并对称分布在机体的前、后、左、右四个方向,多个旋翼处于同一高度平面或上、下两个平面,且各旋翼的结构和半径都相同,相邻的旋翼安装正、反螺旋桨,用以抵消陀螺效应和旋转扭矩。常见的多旋翼无人机平台有四旋翼无人机、六旋翼无人机和八旋翼无人机。图2.18所示为四旋翼无人机的实物。

图 2.18　四旋翼无人机的实物

第三节　飞控导航系统及设备

一、飞控板

飞控导航系统是整个无人机系统的"心脏",它包括飞控导航计算机(飞控板)、传感器、执行机构等。

完整的飞控导航系统分为自驾仪和飞控软件两个部分:自驾仪安装在飞机上,可实时监控各类传感器的运行,实时控制飞行器的状态,并通过下行数据链向飞控软件传递飞行器的状态信息及有效载荷数据;飞控软件安装在地面站上,为操作员提供一个控制飞行器的直观界面,可用于规划任务、监控飞行器位置及航线的地图显示,并通过上行数据链向自驾仪发送命令。

　　大型无人机的自驾仪为飞控计算机,包含数据测量、数据采集、数据处理、姿态控制、导航控制、下行链路通信等多种功能。

　　轻型无人机和微型无人机将这些功能集中到飞控板上,同时将各类传感器也集中到飞控板中。

　　因此,这类无人机的自驾仪核心主要包括飞控中央处理器和各类传感器,其原理如图 2.19 所示。

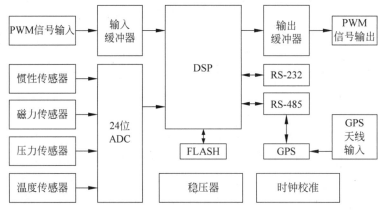

图 2.19　飞控板原理框图

　　飞控板通过采集各类传感器信号进行信号编码处理和反馈控制,解码处理后,以脉冲信号输出到执行机构上用于控制无人机舵面进行偏转,实现相应姿态运动和航线飞行。飞控中央处理器算法集成在 DSP 中,主要包含外回路的导航控制和内回路的姿态控制。控制算法主要是经典的 PID(比例、积分、微分)控制。图 2.20 所示为自驾仪。

图 2.20　自驾仪

　　目前,也有一些开源飞控系统,其中认可度较高的开源飞控系统有 Arduino、APM 和升级版的 Pixhawk。它们也同时具有自驾仪和地面站系统,自驾仪中集成了飞控处理单元和各类必需的传感器单元,可以用于固定翼无人机、无人直升机和多旋翼无人机的自主飞行控制。同时它具有多个外部接口和可扩展编程工具,能够满足无人机爱好者和开发者对于飞控拓展功能的需求。

目前,消费级无人机领域的多旋翼主流无人机厂商也开发了自己的飞控系统,如大疆 NAZA 系列等,除了可以应用于大疆的产品外,也可应用于散件的多旋翼无人机飞控系统中。

二、传感器

目前,工业级和消费级无人机上应用的传感器主要包括三轴惯性传感器、GPS 传感器和空速传感器。一般三轴惯性传感器和空速传感器都集成在自驾仪中,用于姿态测量和飞控板的姿态控制。在有些情况下,GPS 传感器也集成在自驾仪系统中,用于航线飞行中的导航控制。这些传感器在自驾仪系统中较为常见,也是必不可少的传感器。

有些自驾仪还内置磁罗盘、温度传感器等微型传感器,用于辅助姿态控制和导航控制。

此外,还有一些外部传感器需要与自驾仪连接,如外置的转速测量、温度测量、电源电压测量、数传、图传、任务载荷状况监控等。

1. 三轴惯性传感器

三轴惯性传感器由三轴速率陀螺和三轴加速度计组成,可向飞控板提供校准后的三轴加速度和三轴角速度。一般三轴惯性传感器都集成到机载自驾仪系统中,用于姿态测量和姿态控制。有些三轴速率陀螺还集成了 GPS 信号测量,可用于姿态控制和导航控制。三轴惯性传感器如图 2.21 所示。

2. 空速传感器

空速传感器用于测量飞行器的飞行空速。该传感器是将空速管与压力传感器相结合,通过动压和静压得到速度。空速传感器如图 2.22 所示。

图 2.21　三轴惯性传感器

3. 气压传感器

气压传感器主要用来测量气体的压强大小,其中一个大气压量程的气压传感器通常用来测量天气的变化以及利用气压和海拔高度的对应关系用于测量海拔高度。图 2.23 所示为气压传感器。

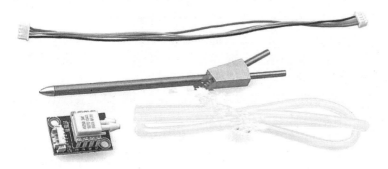

图 2.22　空速传感器

图 2.23　气压传感器

4．GPS 天线

GPS 天线的作用是将卫星的无线电信号的电磁波能量转化成接收机电子器件可识别的电压。天线的大小和形状十分重要，因为这些特征决定了天线获取微弱的 GPS 信号的能力。根据需要，天线可设计成可以工作在单一的 L1 频段上，也可以工作在 L1 和 L2 两个频段上。由于 GPS 信号是圆极化波，所以所有的接收天线都是圆极化工作方式。常见的 GPS 天线如图 2.24 所示。

(a) GPS702GG天线   (b) S671575双频天线

图 2.24　GPS 天线

三、执行机构

执行机构是一类机械伺服机构，在接收接收机和飞控计算机的执行指令后，经过解码处理，控制无人机舵面或机构偏转，响应飞控计算机的指令信号，完成相应的飞行任务。执行机构主要有电液伺服机构、电动伺服机构。微型无人机和轻型无人机上主要采用舵机来执行飞控板指令。微型无人机和轻型无人机常用舵机如图 2.25 所示。

图 2.25　舵机

第四节　地面站系统及设备

地面站又称为控制站，它是整个无人机系统的"神经中枢"。地面站系统硬件和软件都在地面上，通过通信链路接收和处理无人机内部传感器与外部任务载荷设备传感器的数据，远程控制无人机的起飞、飞行、着陆以及发射与回收，控制任务载荷设备的运行。

地面站系统主要分为遥测部分和遥控部分。遥测部分通过无人机上、下行链路实时显示和监测无人机的飞行姿态、航线轨迹、任务执行状况等。遥控部分通过上行链路远程控制无人机的飞行状态和任务执行状态。

图 2.26 所示为大型无人机地面站的实物。图 2.27 所示为微型和轻型无人机地面站的实物。

无论大型无人机还是小型无人机，无人机地面站的功能均包括指挥调度、任务规划、操作控制、显示记录等。只是在微型无人机上功能有所简化与集成。

指挥调度功能主要有上级指令接收、系统之间联络和系统内部调度。一般单机和微型无人机上没有这个功能。

图 2.26　大型无人机地面站的实物

图 2.27　微型和轻型无人机地面站的实物

任务规划功能主要包括飞行航路规划和任务载荷设备工作规划。该功能在无人机起飞前完成,属于飞行前准备工作。

显示记录功能主要包括飞行状态参数显示与记录、航迹显示与记录和任务载荷设备显示与记录。

操作控制功能主要包括起降操纵、飞行控制操纵、任务载荷设备操纵、数据链控制等。在轻型和小型无人机上,该功能一般由多名操控人员完成。主要配备如下。

(1) 飞行控制操纵。该操控人员主要采用地面站软件配备的计算机附属硬件系统,通过界面操作等完成无人机的起飞、航线飞行、航点切换、降落等飞行控制。

(2) 任务载荷设备操纵。该操控人员主要通过地面站软件配备的计算机附属硬件,在指定航点位置等完成航拍、监测、侦察、农林植保洒药、数据分析等任务载荷操纵。

(3) 手动切换操纵。在轻型无人机和小型无人机上,一般会连接外部无线电遥控设备,在起飞、降落等自驾系统无法完成工作的状态下,依靠操控人员的经验完成无人机在这两个阶段的手动操纵飞行,这也叫"飞手"。

对于可以完全自主起降飞行的固定翼无人机,可以不需要"飞手"。在微型多旋翼无人机上,由于没有地面站软件,没有地面站操控人员,不能实现全自主飞行,必须依靠飞手全程完成其飞行控制。

大型无人机地面站由多个分站组成,每个分站分别负责显示监测和操控的子任务。各控制分站的相互关系如图 2.28 所示。

系统控制站负责在线监视无人机系统的具体参数,包括无人机的飞行数据、运行情况和告警信息。

飞行器操作控制站一般由命令控制台、飞行参数显示、无人机飞行轨迹显示组成。

任务载荷设备控制站用于控制无人机的传感器及任务载荷设备,它由一个或几个视频监视仪、视频记录仪组成。

数据分发系统用于分析和解释无人机获得的图像、传感器数据等信息。

中央处理单元由一台或多台计算机组成,用于获得并处理无人机的实时数据并进行显示处理,确认任务规划并上传给无人机,同时开展电子地图处理、数据分发和系统诊断。

地面站软件通过图形化显示方式实现地面站的显示和操控的功能。主要有以下作用。

(1) 任务规划。可设置飞控参数,可标定与设置传感器参数;进行 PID 参数实时调整,可视化编辑飞行航线(航点)。

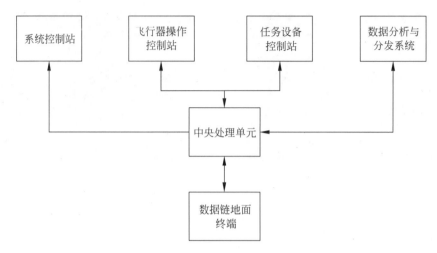

图 2.28　无人机地面站操作控制配置框图

（2）控制任务载荷。

（3）显示。可加载电子地图,图形化监视与控制飞行状态,实时显示飞行器的姿态和航线信息,即无人机的位置、高度、速度、爬升率、飞行方向、俯仰角、侧滚角、偏航距等。

（4）能够存储并回放飞行数据。

（5）具有警告和应急功能,即 GPS 卫星、发动机停车、电压异常、爬升率过大、俯冲速度过大、无人机关键部件受损等紧急情况发生时发出的警告。

图 2.29 所示为无人机地面站软件界面。

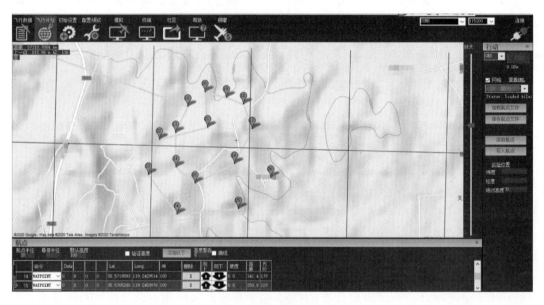

图 2.29　无人机地面站软件界面

微型无人机和轻型无人机的自驾仪一般与地面站系统配合使用,如 APM 飞控采用 Mission Planner 地面站软件进行任务规划、参数设置、航迹设置和飞行控制等。

第五节　通信链路及设备

　　无人机的通信链路主要是指用于无人机与地面站之间的数据传输,包括指令信号传输、姿态等遥测数据信号传输和图像信号传输。通信链路需要完成地面站对无人机的遥控、遥测、任务传感器监测及控制等信息的传输,实现地面站与无人机的数据收发和跟踪定位。通信链路为无人机系统提供了双向通信能力,它可以采用按需求开通的工作模式,也可以采用连续工作模式。图 2.30 所示为无人机数据链路的工作过程示意图。

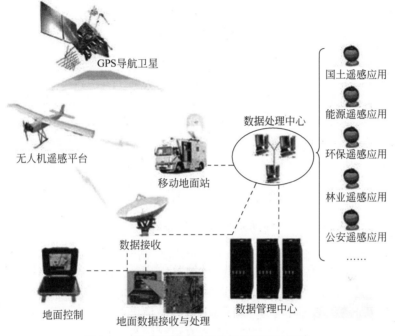

图 2.30　无人机数据链路的工作过程示意图

　　无人机通信链路按照传输方向可以分为上行数据链和下行数据链。工信部规定的无人机上行链路频段范围是 840.5～845MHz,下行遥测与信息传输链路频段是 1430～1444MHz。备份频段是 2408～2440MHz。上行数据链由地面站发射设备向机载接收设备发送无人机的飞行控制和有效载荷指令。下行数据链由机上发射设备向地面站接收设备发送应答指令和无人机状态信息,同时提供发送如图像数据、载荷数据、激光测距雷达数据等传感器数据。通信链路也可以实现无人机的精确定位和辅助导航,通过确定无人机与地面站天线之间的方位角和距离来测量无人机的具体位置。

　　大型无人机的通信设备主要包括机载链路设备和地面链路设备。机载链路设备是指无人机上用于通信联络的电子设备——机载电台。机载电台一般由发射机、接收机、机载天线、控制盒和电源组成。发射机和接收机是机载电台的主体,其中发射机用于发送视频和无人机飞行数据,接收机用于接收地面站指令。发射机和接收机一般安装在无人机电子舱内。视距内通信的无人机大多采用全向天线,超视距通信的无人机大多采用自跟踪抛物面天线。

　　大型无人机的通信链路较多,系统较为复杂,包括指挥调度链路、地面站与无人机数字、图像等通信链路、无人机与卫星间通信链路、无人机与其他飞机或无人机的通信链路等。

目前,市场上消费级和工业级的微型无人机与轻型无人机通信链路较为简单,主要分为无线电遥控器与无人机接收机的上行传输链路、无人机的飞控与地面站等数据信号双向链路和无人机与地面站的下行图像传输链路。其中,无线电遥控器与无人机之间的通信为上行链路通信,用于对微型无人机和轻型无人机的手动飞行控制该链路。地面站与无人机之间的图像通信为下行链路通信,采用机载图像传输设备将视频图像回传地面站。地面站与无人机之间的飞控参数通信为双向通信,主要上传地面站控制信号、任务载荷的命令信号,下传无人机的飞行航迹控制信号和状态信号。有时将这三条链路整合成两条链路。例如,无线电遥控和地面站系统连接,直接通过地面站软件和无人机同时实现无线电遥控通信与飞控参数通信。

各链路的频段范围分别如下。

(1) 无线电遥控器与无人机机上接收机通信链路。该链路频段取决于无线电遥控器的频率。目前,市场上的遥控器主要是 72MHz、433MHz 及 2.4GHz。其中,以 2.4GHz 脉冲型无线电信号的稳定性和抗干扰性最好,这也是目前 RC 遥控器广泛使用的频率。

(2) 无人机与地面站飞控参数通信链路。该链路取决于数传电台的链路。目前,主要的商用数传电台 9xTend、Xbee 频率为 900MHz,其抗干扰性较好,传输速率快,作为无人机与地面站传输的主要频率。

(3) 图像传输链路。该链路与数字传输链路分开。由于图像传输数据量大,需要带宽较大,目前主要有低端的模拟信号链路传输和高端的数字信号链路传输。频率是 1.2GHz、2.4GHz 和 5.8GHz,主流设备为 5.8GHz 模拟信号传输。但由于带宽限制,目前实时图传的误码率较高,抗干扰性能差且功耗很大。即使错开频点,邻近距离的影响也很明显。

需要说明的是,这些民用无人机的三条链路频段均不是工业和信息化部规定的无人机通信链路频段范围,且 2.4GHz 是社会公用频段,靠近基站发射源时干扰很大。

无人机的地面链路设备由地面终端硬件、地面通信电线组成。地面终端硬件一般集成在无人机地面站中,部分地面链路终端会配备有独立的显示控制界面。用于视距内通信的地面通信天线通常采用鞭状天线、八木天线和自跟踪抛物面天线,用于超视距通信的地面通信天线通常采用固定卫星通信天线。图 2.31 所示为无人机的机载通信天线实物。

图 2.31 无人机的机载通信天线实物

第六节　任务载荷及设备

任务载荷又称为有效载荷,它是指无人机装载的能够实现无人机飞行所完成特定任务的仪器、设备和分系统。任务载荷设备通常是无人机上最为昂贵的部分,也属于无人机的核心部分。任务载荷通常由无人机的尺寸、载重量以及任务需求决定。无人机的任务载荷可以分为光电类任务载荷、投放类任务载荷、获取类任务载荷和其他任务载荷。

1. 光电类任务载荷

光电类任务载荷主要用于无人机执行侦察、监控、巡视、航拍等任务,常用的光电类任务载荷有可见光载荷、红外热像仪、紫外热像仪、合成孔径雷达、激光雷达及多光谱相机等。

(1) 无人机的可见光任务载荷主要有光学相机和光学摄像机。光学相机具有极高的分辨率,是无人机最早使用的侦察设备。光学摄像机具有体积小、质量轻、灵敏度高、抗冲击振动能力强、寿命长等特点,它常与红外成像仪组成双光吊舱系统,满足全天候实时图像监测需要。图2.32所示为光学相机和光学摄像机的实物。

(2) 红外热像仪通过探测目标的红外辐射,将红外图形转换为可见光图形来发现并获取目标参数,红外热像仪可以实现全天候探测、监视目标。图2.33所示为红外热像仪实物,图2.34所示为红外热像仪拍摄的图像。

图2.32　光学相机(左)和光学摄像机(右)　　　　图2.33　红外热像仪实物

图2.34　红外热像仪拍摄的图像

(3) 紫外热像仪常作为无人机执行电力巡检任务时的载荷设备,它利用特殊仪器接收高压设备电离放电产生的紫外线信号,经过处理后成像并与可见光图像叠加,来确定电晕的位置和强度,进而评价高压设备的运行情况。图2.35所示为紫外热像仪拍摄的图像及其电晕分析结果。

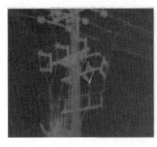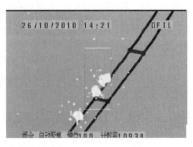

图 2.35　紫外热像仪拍摄的图像及其电晕分析结果

（4）合成孔径雷达通过向目标区域发射电磁脉冲并接收来自目标区域的回波信号,通过对目标回波信号的处理并利用成像技术获得目标区域形状。根据不同的工作模式,合成孔径雷达可以分为条带式和聚束式两种类型。图 2.36 所示为合成孔径雷达的实物及其所拍摄的目标区域图像。

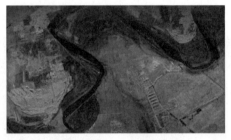

图 2.36　合成孔径雷达的实物(左)及其所拍摄的目标区域图像(右)

（5）激光雷达全称为激光探测及测距系统,其是指利用 GPS 和惯性测量装置进行机载激光扫描。无人机利用激光雷达测量可以获得数字高程模型,其含有空间三维信息及激光强度信息。图 2.37 所示为激光雷达及其所拍摄的数字高程模型图像。

图 2.37　激光雷达(上)及其所拍摄的数字高程模型图像(下)

　　（6）多光谱相机是在普通航空照相机的基础上发展起来的,它是指在可见光的基础上向红外线和紫外线这两个方向扩展,通过各种滤光片、分光器与多种感光胶片的组合,使其同时分别接收同一目标在不同窄光谱带上所辐射或反射的信息,进而得到目标的几张不同光谱带的照片。多光谱相机可以分为多镜头型多光谱相机、多相机型多光谱相机和光束分离型多光谱相机三种类型。图2.38所示为多镜头型多光谱相机的实物及其所拍摄的图像。

图2.38　多镜头型多光谱相机的实物(左)及其所拍摄的图像(右)

2. 投放类任务载荷

　　投放类任务载荷主要用于军用无人机的武器装备投放、农用无人机执行植保作业、无人机快递及民用无人机执行通信架线等任务。图2.39所示为八旋翼无人机上搭载的农药喷洒任务载荷。

图2.39　八旋翼无人机上搭载的农药喷洒任务载荷

3. 获取类任务载荷

　　获取类任务载荷主要用于无人机执行大气环境监测、气体检测与采样、气象数据采集等任务。图2.40所示为无人机上搭载的气体检测类任务载荷。

图2.40　无人机上搭载的气体检测类任务载荷

无人机其他类任务载荷主要包括通信类任务载荷、科学实验类任务载荷以及中继类任务载荷。其中,搭载无人机搭载的科学实验类任务载荷主要是为自动控制、先进传感技术、人工智能等领域的科学研究提供硬件支持。

课 后 题

一、选择题

1. 无人机系统飞行器平台主要使用的是(　　)空气的动力驱动的航空器。

    A. 轻于　　　　　　　　B. 重于　　　　　　　　C. 等于　　　　　　　　D. 轻于等于

2. 属于无人机飞控子系统功能的是(　　)。

    A. 无人机姿态稳定与控制　　　　　　　　B. 导航控制

    C. 任务信息收集与传递　　　　　　　　D. 以上都是

3. 指挥控制与(　　)是无人机地面站的主要功能。

    A. 导航　　　　　　B. 任务规划　　　　　C. 飞行视角显示　　D. 以上都不是

4. 无人机地面站显示系统应能显示(　　)信息。

    A. 无人机飞行员状态　　　　　　　　　　B. 飞行器状态及链路、载荷状态

    C. 飞行空域信息　　　　　　　　　　　　D. 飞行天气状况

5. 大型无人机的通信设备主要包括机载链路设备和(　　)设备。

    A. 数传　　　　　　B. 图传　　　　　　C. 地面链路　　　　D. 导航

6. 地面站与无人机之间的飞控参数通信为双向通信,主要上传地面站(　　)、任务载荷的命令信号,下传无人机的飞行航迹控制和(　　)。

    A. 控制信号、状态信号　　　　　　　　　B. 参数值、航线管理

    C. 控制信号、参数值　　　　　　　　　　D. 控制信号、参数值

7. (　　)用于测量飞行器的飞行空速。

    A. 数传　　　　　　B. 图传　　　　　　C. 地面链路　　　　D. 空速传感器

二、思考题

1. 光电类任务载荷主要用于哪些任务?

2. 操作控制功能主要包括哪些?

3. 地面站软件通过图形化显示方式实现地面站的显示和操控的功能,主要有哪些作用?

第 三 章

无人机空气动力学基础

第一节　无人机空气动力学简介

无人机之所以能在大气中做持续的飞行,主要靠空气给它的反作用力(即升力)。空气动力学最重要的是知道无人机上所受到的分布压力、升力、阻力和力矩,以及无人机参数对这些空气动力的影响规律。

无人机主要在对流层和平流层飞行,此时无人机的尺寸远大于气体分子的自由行程,因此,无人机所处的介质是连续空气。对于无人机空气动力学,最重要的两个无量纲量是马赫数和雷诺数,体现了空气的压缩性和黏性特性。

1. 马赫数

马赫数定义为气流速度 v 和当地音速 c 的比值,记为 Ma。它表示运动空气压缩性的大小。马赫数小于 0.3 时,运动空气的密度相对变化小于 5％,飞行速度为低速范围,气流为不可压流,不需要考虑空气的压缩性效应。Ma 在 0.3～0.8 时,飞行速度为亚音速范围,气流为可压流,需要考虑空气的压缩性。Ma 在 0.8～1.2 为跨音速范围,需要考虑激波阻力的影响。之后为超音速和高超音速范围。

目前,军用的固定翼无人机和市场上工业级的固定翼无人机飞行速度都在低速、亚音速和高亚音速范围。无人直升机桨尖速度最高,它与桨叶直径和旋转速度相关,但也在亚音速范围内。多旋翼无人机桨叶直径较小,桨尖速度多为不可压流。因此,无人机所涉及的多数为不可压空气动力学和亚音速空气动力学。

2. 雷诺数

雷诺数 Re 定义为

$$Re = \frac{\rho v L}{\mu}$$

(3.1)

式中,ρ 为空气密度;v 为气流速度;L 为特征长度,一般取无人机机翼的平均气动弦长;μ 为黏性系数,空气的标准值为 $1.789\times10^{-5}\mathrm{kg/(m/s)}$。

雷诺数表示了运动空气的惯性力和黏性力的比值。密度越低、速度越低或特征长度越小,则雷诺数越小,表示黏性力的相对比值越大。因此,相对于民航飞机,大多数无人机都会遇到小雷诺数空气动力学问题。

对于飞行高度不高的微型和轻型无人机而言,由于飞行高度不高,空气密度与黏性系数是定值,故雷诺数的公式可简化为

$$Re = 68500vL \tag{3.2}$$

式中,v 的单位是 m/s;L 的单位是 m。

以机翼平均气动弦长为特征长度,对于微型无人机和轻型无人机而言,则雷诺数一般为 $10^4\sim10^6$ 量级。

雷诺数越大,流经翼形表面的边界层越早从层流边界层过渡为紊流边界层,而紊流边界层不容易分离,也不容易失速;雷诺数小的机翼,其边界层尚未从层流边界层过渡为紊流边界层时就先分离了,比较容易失速。

第二节　空气动力学基础知识

一、翼型几何特性

在固定翼无人机的各种飞行状态下,机翼是无人机产生升力的主要部件。如果平行于机身对称面在机翼展向任意位置切一刀,切下来的机翼剖面称为翼剖面或翼型。如图 3.1 所示,翼型设计是无人机设计中必不可少的一环,它直接影响到固定翼无人机的空气动力学特性和飞行性能。

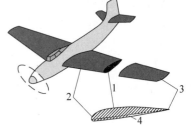

(一) 翼型的各部分名称
翼型各部分名称如图 3.2 所示。

1. 中弧线
中弧线为翼型上弧线和下弧线的中线。中弧线与弦线的高度差称为弯度,它直接影响升力的大小。

图 3.1　翼型
1—翼型;2—前缘;3—后缘;4—翼弦

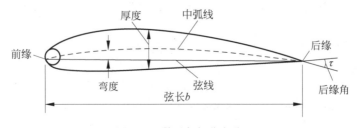

图 3.2　翼型各部分名称

2. 前缘、后缘
翼型中弧线的最前点和最后点分别称为翼型的前缘和后缘。

3. 前缘半径

前缘弧线的内切圆的半径为前缘半径。前缘半径越小,气流越容易分离。

4. 后缘角

翼型上下弧线在后缘处切线间的夹角称为后缘角。为了减小阻力,低速翼型一般为圆头尖尾,后缘角为锐角。

5. 弦线

翼型前缘顶点和后缘连接的直线称为弦线。弦线被前缘、后缘所截长度称为弦长,弦长是翼型的重要特征长度。雷诺数、无量纲升力系数等均以弦长来衡量。攻角定义的参考也是弦线位置。

6. 厚度

翼型上下弧线的高度差称为翼型厚度。最大厚度位置一般距离前缘 25%～40%。厚度直接影响阻力大小。

在翼型平面上,把来流与翼弦线之间的夹角定义为翼型的迎角。对弦线而言,来流上偏为正,下偏为负,如图 3.3 所示。

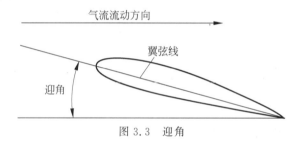

图 3.3　迎角

(二) 无人机翼型

从外形来分,无人机中常用翼型一般分为图 3.4 所示几类。

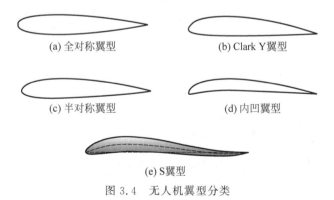

(a) 全对称翼型　　　　　(b) Clark Y翼型

(c) 半对称翼型　　　　　(d) 内凹翼型

(e) S翼型

图 3.4　无人机翼型分类

1. 全对称翼型

全对称翼型是上下弧线均凸且对称,中弧线即为翼弦线。零度攻角时升力近似为零。由于其对称性,该翼型经常应用在平尾中,如较为出名的 NACA0012 和 NACA0015 翼型等 NACA 系列四位数翼型。

2. 半对称翼型

半对称翼型是上下弧线均凸但不对称,一般中弧线位于弦线上方。零升攻角为较小的负攻角,在低速无人机的机翼中较为常用。

3. 平凸翼型

下弧线为一直线,无人机中应用最多的平凸翼型是 Clark Y 翼型。平凸翼型在低速飞行时的升力较大。它的最大特点是工艺性最好,便于大量生产,因此在低速无人机与航空模型中得到了广泛的应用。

4. S 翼型

中弧线是一个平躺的 S 形,这类翼型因迎角改变时,压力中心变动较小,升力较大,常用于飞翼布局无人机。

5. 内凹翼型

下弧线在翼弦线上,中弧线高,升力系数大,常见于早期飞机及牵引滑翔机。

6. 其他特种翼型

例如,直升机 OA 系列翼型等。

20 世纪初设计了很多低速飞机的翼型,如德国人奥托·利林塔尔设计并测试了 RAF-6,还有 Gottingen 398、Clark Y、NACA 翼型系列等,如图 3.5 所示。目前这些翼型在低速无人机和航空模型中得到了广泛的应用。尤其是 Clark Y 系列翼型,因其良好的加工性能,在微型和轻型无人机中得到了广泛应用。

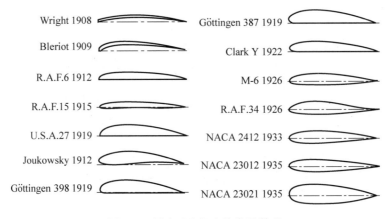

图 3.5　低速无人机中的常用翼型

二、伯努利定理

流体力学中有质量守恒定理、动量守恒定理和能量守恒定理。伯努利定理是低速翼型空气动力学的能量守恒定理。它的具体表达式为

$$p + \frac{1}{2}\rho v^2 = 常数 \tag{3.3}$$

式中,p 为流体压强;ρ 为空气密度;v 为空气流动速度。

伯努利定理表明,在没有能量损失的情况下,静压与动压之和保持不变,即动能和压力势能之和保持不变。该定理说明了运动的翼型表面空气动力产生的原因。现对伯努利定理解释如下。

　　低速圆头翼型在小迎角时,其绕流图画如图 3.6 所示。远方来流在经过翼型时,气流会分成两股,一股从翼型上表面流过,一股从翼型下表面流过。小迎角或正弯度会对翼型附近空气流通通道产生以下影响:上表面空气流通通道变窄,下表面空气流通通道变宽,如图 3.6(a)所示。由流体力学的质量守恒定理,有

$$\rho v A = 常数 \tag{3.4}$$

　　式(3.4)表明,流入单位体积的流体质量等于流出单位体积的流体质量。由于忽略低速流动空气的压缩性,即 ρ 为常数,这样会导致流过翼型上表面的流速加快,流过翼型下表面的流速减慢,如图 3.6(b)所示。根据伯努利定理,流速增加则单位体积的流体动能增加,相应地流体的压力势能就会降低,即上表面流体对翼型向下的静压强会减小;反之,下表面对翼型向上的静压强就会增加,如图 3.6(c)所示。这种压力差形成对翼型向上的空气动力作用,如图 3.6(d)所示。

(a) 上表面流道变窄、下表面变宽

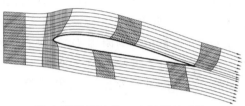

(b) 上表面流速加快、下表面流速减慢

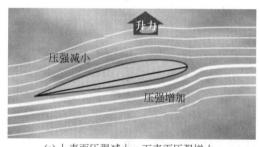

(c) 上表面压强减小、下表面压强增大

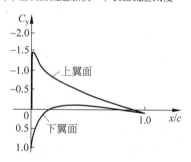

(d) 上、下表面压强差

图 3.6　翼型扰流及空气动力产生的原因

低速翼型绕流的总体流动特点如下。

　　(1) 小迎角时,绕翼型的流动是无分离的附着流动,在物面上的边界层和翼型后缘的尾迹区很薄。

　　(2) 空气经过翼型扰动会减速,流速为零的点(驻点)位于翼型前缘点不远处,流经驻点的流线分成两部分,一部分从驻点起绕过前缘点经上翼面流去,另一部分从驻点起经下翼面顺翼型表面流去,在后缘处流动平滑地汇合后向下流去。

　　(3) 中弧线形状和翼型形状对改变空气速度分布有较大影响,一般凸弯板比平板空气动力大,具有一定前缘半径以及较好中弧线和厚度分布的翼型比弯板空气动力大,如图 3.7所示。

　　高速翼型空气动力产生机理与低速翼型相同,但是在具体计算数值时需要考虑空气压缩性等影响。

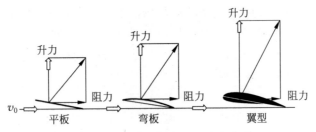

图 3.7 平板与翼型的空气动力对比

三、升力

当气流绕过翼型时,在翼型表面上每点都作用有压强 p(垂直于翼面)和摩擦切应力(与翼面相切),即法向力 N 和切向力 A,它们将产生一个合力 R,合力的作用点称为压力中心,合力在来流方向的分量为阻力 D,在垂直于来流方向的分量为升力 L,如图 3.8 所示。

翼型升力、阻力和空气动力矩简单表达式为

$$\begin{cases} L = N\cos\alpha - A\sin\alpha \\ D = N\sin\alpha + A\cos\alpha \end{cases} \qquad (3.5)$$

$$M_z = -\oint(-p\cos\theta + \tau\sin\theta)x\,\mathrm{d}s \\ +\oint(\tau\cos\theta + p\sin\theta)y\,\mathrm{d}s$$

一般采用无量纲的升力系数、阻力系数和力矩系数来描述翼型的空气动力学特性。其无量纲化表达式如下。

升力系数为

$$C_{\mathrm{L}} = \frac{L}{\frac{1}{2}\rho_\infty v_\infty^2 b} \qquad (3.6)$$

阻力系数为

$$C_{\mathrm{D}} = \frac{D}{\frac{1}{2}\rho_\infty v_\infty^2 b} \qquad (3.7)$$

俯仰力矩系数为

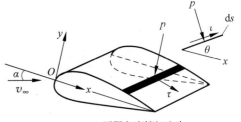

(a) 压强和摩擦切应力

(b) 升力和阻力

(c) 力矩

图 3.8 翼型空气动力、升力、阻力和力矩示意图

$$m_z = \frac{M_z}{\frac{1}{2}\rho_\infty v_\infty^2 b} \qquad (3.8)$$

当翼型确定后,一般上述气动系数是雷诺数 Re、马赫数 Ma 和迎角 α 的函数,即有 $C_{\mathrm{L}} = f_{\mathrm{L}}(Re, Ma, \alpha)$, $C_{\mathrm{D}} = f_{\mathrm{D}}(Re, Ma, \alpha)$, $m_z = f_m(Re, Ma, \alpha)$。

空气动力矩不随迎角变化的点叫作翼型的气动中心,也叫翼型的焦点。这个点对于全机的纵向稳定性非常重要。低速薄翼型的焦点约为 25% 弦向位置,大多数翼型焦点在 23%～24% 弦长,层流翼型焦点在 26%～27% 弦长。

对于低速翼型($Ma<0.3$),空气的压缩性可忽略不计,但必须考虑空气的黏性。因此, 气动系数实际上是来流迎角和 Re 的函数。

对于高速流动($Ma>0.3$),压缩性对空气动力的影响较大,需要加以注意。

关于升力系数,有以下几个概念需要清楚。

(1) 升力线斜率。如图 3.9 所示,在升力系数随 迎角的变化曲线中,在迎角较小时是一条直线,这条 直线的斜率称为升力线斜率,记为

$$C_L^\alpha = \frac{dC_L}{d\alpha} \qquad (3.9)$$

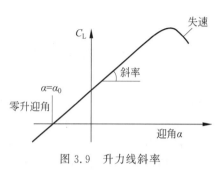

图 3.9　升力线斜率

平板和薄翼的升力线斜率理论值等于 0.10965/度, 试验值略小,NACA23012 型翼型的升力线斜率是 0.105/度,NACA631-212 的是 0.106/度。

(2) 零升迎角。图 3.10 中 α_0 为零升迎角。对于 有弯度的翼型升力系数曲线是不通过原点的,通常把升力系数为零的迎角定义为零升迎角 α_0,过后缘点与翼型的几何弦线呈 α_0 角的直线称为零升力线。一般翼型弯度越大,α_0 越大。

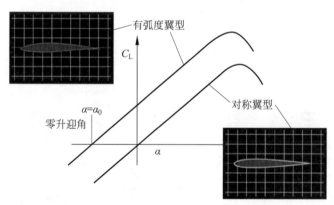

图 3.10　零升迎角

(3) 失速迎角。当迎角大于一定的值后,升力系数曲线就开始弯曲,再大一些就达到了 它的最大值,此值记为最大升力系数,对应的迎角称为临界迎角,也叫失速迎角。再增大迎 角,升力系数反而开始下降。失速主要由于迎角增大时,翼型上表面拟压区出现流动分离, 导致升力损失。其原理如图 3.11 所示。

四、阻力

阻力是阻碍飞机前进的力。如前文所述,阻力是空气动力合力沿气流方向的分量。一 般用无量纲的阻力系数来描述。

阻力系数曲线是阻力系数随迎角的变化而变化的曲线,一般呈抛物线形状,存在一个最 小阻力系数。在小迎角时,翼型的阻力主要是摩擦阻力,阻力系数随迎角的变化不大;在迎

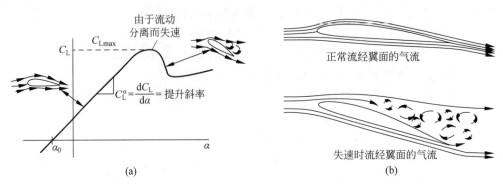

图 3.11 失速迎角

角较大时,出现了压差阻力的增量,阻力系数与迎角的二次方成正比。分离后,分离区扩及整个上翼面,阻力系数大增。

摩擦阻力和压差阻力都与黏性有关。因此,阻力系数与 Re 存在密切关系。一般 Re 越大,阻力系数越小,如图 3.12 所示。

翼型阻力主要分为摩擦阻力、压差阻力和激波阻力(高速无人机上有,低速无人机没有)。对于机翼还有诱导阻力,全机还有干扰阻力。几种阻力的形成原因及减阻措施如下。

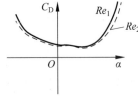

图 3.12 阻力系数曲线

1. 摩擦阻力

摩擦阻力由于空气的黏性产生。当气流流过翼型表面时,由于空气黏性的作用,空气微团与翼型发生摩擦,产生摩擦阻力。它主要存在于靠近翼型的一层薄薄的边界层内。边界层是指贴近翼型表面处,气流速度由层外主流区气流速度逐渐降低为零的那一层空气流动层,如图 3.13 所示。

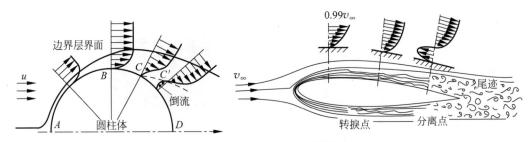

图 3.13 边界层内摩擦阻力

边界层按其性质不同,可分为层流边界层和紊流边界层。层流边界层是指在翼型最大厚度之前,边界层内的空气微团保持平行的层状运动,没有横向运动。紊流边界层是指超过最大厚度以后,空气微团出现旋涡和横向运动。层流转变为紊流的点叫"转捩点",边界层与翼面分离的点叫作分离点,如图 3.13 所示。紊流边界层的摩擦阻力比层流边界层的摩擦阻力大很多。

影响摩擦阻力的因素有空气黏性、翼型表面积大小、翼型表面的粗糙度及边界层的流动状态。一般地,空气黏性越大,翼型表面积越大,表面越粗糙,摩擦阻力越大。例如,温度越高,空气黏性越大,则摩擦阻力越大。一般而言,冬季摩擦阻力小,夏季摩擦阻力大。翼型表面越粗糙,摩擦阻力越大,因此一般将机翼表面制造得很光滑,图 3.14 所示为微型无人机上的热缩膜、蒙膜等。在飞行速度较高的飞机上多采用层流翼型,是为了减少紊流边界层的摩擦阻力。

图 3.14　减小摩擦阻力的措施——表面蒙膜保持光洁度

2. 压差阻力

压差阻力是指气流流过翼型时,在翼型前后产生的压强差引起的阻力。它产生的主要原因如下。

空气流过翼型时,在翼型前缘部分,流速减慢,压强增大;在气流流经翼型最高点时,速度增大,压强减小。气流流过最高点以后减速,压强增大,阻碍气流流动,使边界层厚度增大,导致气流较易分离,在翼型后缘压强减小。这样,翼型前后便产生压力差,从而形成阻力。压差阻力与翼型的迎风面积、形状和在气流中的相对位置有很大关系,如图 3.15 所示。迎风面积越大,压差阻力越大。前端圆钝、后面尖细的流线型物体的压差阻力最小。翼型相对于气流的角度越大,压差阻力越大。为了减少压差阻力,应尽可能将暴露在空气中的零部件做成流线型,并减小迎风面积。

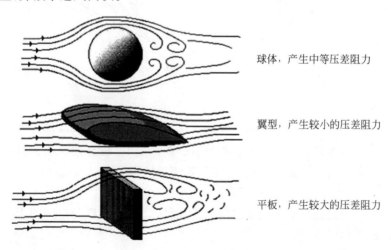

球体,产生中等压差阻力

翼型,产生较小的压差阻力

平板,产生较大的压差阻力

图 3.15　不同形状压差阻力对比

3. 诱导阻力

诱导阻力主要来源于有限展长机翼。由于翼展的长度是有限的,所以上、下翼面的压强差使得气流从下翼面绕过两端翼尖,向上翼面流动,并在翼尖处不断形成旋涡,如图 3.16 所示。

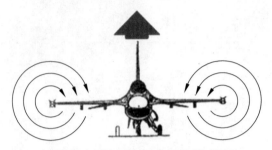

气流由下表面的高压区流向上表面的低压区

图 3.16　上、下翼面差产生翼尖涡

　　如图 3.17 所示,随着飞机向前方飞行,旋涡就从翼尖向后方流动,产生向下的下洗流 ω,在下洗流的作用下,原来的气流速度 v 向下偏转一个角度后称为下洗速度 u,偏转的这个角度即为下洗速度与飞行速度的夹角,称为下洗角。气流速度的偏转产生了向后的分速度,使得阻力分量增加。实际升力 Y' 是和等效来流方向即下洗速度方向垂直的。把实际升力分解成垂直于飞行速度方向和平行于飞行速度方向的两个分力。

　　诱导阻力的大小与机翼的升力和展弦比有很大关系。升力越大,诱导阻力越大。如图 3.18 所示,展弦比越大,诱导阻力越小。若假设机翼展弦比趋于无穷大,即无限展长机翼,则其诱导阻力为零,升力与翼型相同。

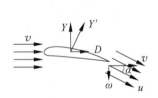

气流流过机翼后下折一个角度

图 3.17　诱导阻力来源

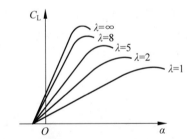

图 3.18　不同展弦比时升力系数曲线

4. 干扰阻力

　　干扰阻力主要来源于全机各部件之间的干扰,是由于流经飞机各部分之间的气流相互干扰而产生的一种额外阻力。当机翼和机身组合在一起时,机身的侧面和机翼翼面之间形成一个横截面积先收缩后扩张的通道,低速气流流过扩张通道时,因逆压梯度的作用使附面层产生严重的分离,出现额外的黏性压差阻力。

　　飞机的干扰阻力包括机翼和机身之间的干扰阻力、尾翼和机身之间的干扰阻力以及机翼和尾翼之间的干扰阻力等。

　　在各部件连接处加装合适的"整流片",是减小干扰阻力的有效措施;或者采用翼身融合体布局能够有效减小干扰阻力。一般来说,中单翼无人机的干扰阻力最小,下单翼无人机的干扰阻力最大,上单翼无人机的干扰阻力居中。但具体采用哪种机身、机翼布局形式,还需考虑结构及工艺性、可维护性,如图 3.19 所示。

图 3.19　干扰阻力产生部位

五、升阻比

升阻比是相同迎角下,升力系数与阻力系数之比,用 K 表示,即

$$K = \frac{C_L}{C_D} \tag{3.10}$$

升阻比与翼型形状、迎角、雷诺数和马赫数相关。升阻比越大,翼型空气动力性能越好,也具有较好的爬升及滑翔性能(见图 3.20)。例如,在无动力情况下的升阻比就等于滑翔比,即下降单位高度所能滑翔前进的距离。这个参数在无动力滑翔机设计或太阳能无人机中非常关键。

升阻比与迎角的大小密切相关。从零升迎角到最小阻力迎角,升力增加较快,阻力增加缓慢,因此升阻比增大。在最小阻力迎角处,升阻比最大。从最小阻力迎角到临界迎角,升力增加缓慢,阻力增加较快,因此升阻比减小。超过临近迎角时,压差阻力急剧增大,升阻比急剧减小。

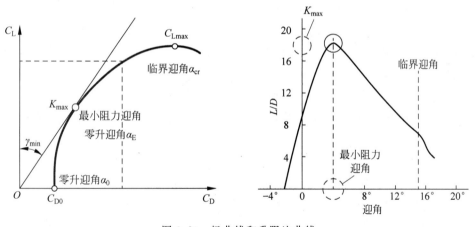

图 3.20　极曲线和升阻比曲线

一般翼型的升阻比远高于全机的升阻比。一般滑翔机和长航时无人机的升阻比能够达到 30 左右,小型无人机的升阻比约为 10。固定翼无人机的巡航速度尽量接近最大升阻比时的速度,此时航时越长经济性越好。

六、空气动力特性影响因素

从升力系数表达式可以看出,影响翼型升力的因素有迎角、相对飞行速度、空气密度、翼型剖面形状。在翼型一定的情况下,一般主要是通过改变迎角和飞行速度来改变升力和阻力。

1. 迎角

当迎角增大时,一方面在机翼上表面前部,流管变细,流速加快,压力降低,吸力增大。与此同时,在机翼下表面气流受到阻挡,流管变粗,流速减慢,压力增大,升力增大。

但是,当迎角增大时,由于机翼上表面最低压力点的压力降低,后缘部分的压力比最低压力点的压力大很多,于是在上表面后部的附面层中,空气向前倒流的趋势增强,气流分离点向前移动,分离区扩大,使升力降低。

在中、小迎角时,增大迎角,分离点前移缓慢,分离区只占机翼很小范围,对升力影响不大。第一个因素起主要作用,因此,在小于临界迎角的范围内,迎角增大,则升力也增大;当到临界迎角时,升力达到最大。

超过临界迎角后,迎角再增大,则分离点迅速前移,分离区迅速扩大,机翼上表面前段流管变粗,流速减慢,吸力降低。从分离点到机翼后缘的分离区内,压力大致相同,比大气压力稍小。在靠近后缘的一段范围内,吸力略增加,所以,超过临界迎角以后,迎角再增大,升力反而减小,如图 3.21 所示。

改变迎角不仅使升力大小发生变化,而且压力中心也要发生前后移动。迎角由小逐渐增大时,由于机翼上表面前段吸力增大,压力中心前移。超过临界迎角以后,机翼前段和中段吸力减小,而机翼后段吸力稍有增加,所以压力中心后移。

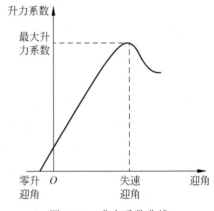

图 3.21 升力系数曲线

2. 相对飞行速度

由升力计算公式表明,飞行速度越大,升力越大,且升力与飞行速度的平方成正比。

飞行速度越大,机翼上表面的气流速度增大越快,压力降低越多。与此同时,机翼下表面的气流速度减小越多,压力则增大越多。于是,机翼上、下表面的压力差相应增大,升力也相应增大。

3. 空气密度

空气密度大,空气动力大,升力自然也大。这是因为空气密度增大,当空气流过机翼,使速度发生变化时,动压变化加大,作用在机翼上表面的吸力和下表面的正压力也都增大。所以,机翼的升力随空气密度的增大而增大。

在大气层中,高度升高,空气密度减小,升力也就会减小。因此,高原中无人机升力系数一般小于平原地区无人机升力系数。

七、翼型选择

如前面所述,翼型形状对升力特性、阻力特性和最佳升阻比特性有较大影响。

选择翼型前要先确定无人机的用途、大小、重量、速度,再依翼面负载、雷诺数选择合适的翼型。

翼型形状包括前缘半径、中弧线、厚度、最大弯度、最大厚度、翼弦长等参数。对于低速飞行的无人机,前缘半径越小,在大迎角下气流越容易分离。前缘半径太大,阻力也会增加。中弧线形状和厚度分布对翼型的空气动力学性能影响很大,中弧线最高点距离翼弦一般是翼弦长的4%～8%,到前缘的距离一般是翼弦长的25%～50%。翼型厚度越大,阻力越大。一般低速无人机翼型最大厚度是翼弦的6%～18%。薄翼型比较容易保持层流边界层。翼型最大厚度位置对上表面边界层位置影响也较大。最大厚度越靠近前缘,转捩点位置越靠前。

翼型的数据包括形状的几何坐标,以及在某个展弦比及各种雷诺数下的升力、阻力系数,一般都用极曲线显示,纵坐标大都是升力系数,横坐标是阻力系数(见图3.22)。选择翼型时,一定要知道翼型的最佳升阻比。将几种翼型极曲线的切线进行对比,切线斜率越陡,翼型的升阻比越高。这些曲线对翼型选择和飞行性能估算都有重要作用。

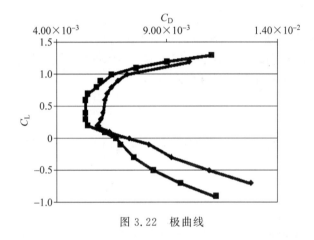

图 3.22 极曲线

在为新机型选择翼型时,一种简单的方法是以已有的成功翼型作为参考进行计算和修改。根据巡航状态升力系数,可选择阻力系数最小的翼型。

早期飞机的翼型,如哥廷根翼型、Clark Y 翼型、Eppler 翼型、NACA 4 位数翼型及NACA 5 位数翼型等在低速无人机、通用航空飞机和航空模型中均应用较多。可以根据需要进行选择或改进。另外,S 翼型也广泛应用于飞翼布局无人机中。平尾和垂尾需要在正、负迎角和侧滑角状态下工作,因此一般选择对称翼型,如 NACA 4 位数翼型。

第三节 飞行力学基础知识

机翼的主要功用是产生升力,从而克服重力,维持无人机在空中飞行,同时机翼上的副翼、襟翼等操纵面也起到操纵作用。

从二维的翼型到三维的机翼,对空气动力有较大影响的机翼参数主要是翼载荷、展弦比和机翼后掠角。

机翼的主要几何参数如图3.23所示,主要包括根弦长、梢弦长、展长、前缘后掠角、1/4弦线位置后掠角等。

常见的机翼平面形状有平直机翼、后掠机翼和三角机翼,其平面形状如图3.24所示。

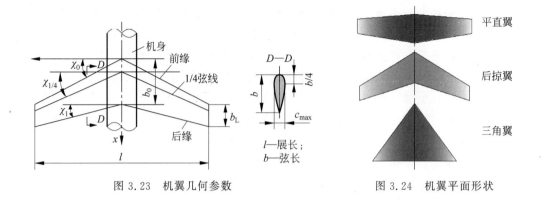

图 3.23　机翼几何参数　　　　　　　　图 3.24　机翼平面形状

一、翼面负载

翼面负载也叫翼载荷,是机翼每单位面积所承担的重量(单位是 g/cm^2),它是无人机性能的关键指标之一。翼面负载越大,表明相同机翼面积要负担更大的重量,此时无人机的滑跑距离越长,抵抗突风干扰的能力也越强。同时,它也直接影响无人机定直平飞飞行速度,有

$$v = \sqrt{\frac{2mg}{S\rho C_L}} \tag{3.11}$$

式(3.11)表明在相同翼型下,翼载荷越大,则定直平飞速度越快。从另一个方面来看,有

$$v_{min} = \sqrt{\frac{2mg}{S\rho C_{Lmax}}} \tag{3.12}$$

即最小平飞速度为机翼接近失速迎角飞行。在翼型失速迎角一定的情况下,翼载荷越大,最小平飞速度也越大。表 3.1 是典型的无人机的翼面负载。

表 3.1　典型无人机的翼载荷

无人机机型	起飞重量/kg	翼面积/m²	翼载荷/(kg/m²)
全球鹰	10394	50.17	207.2
长空-1	2060	8.55	240.9
捕食者	850	11.45	74.2
徘徊者	250	3.41	73.3
ASN-104	140	1.85	75.6
开拓者	218	2.4	90.8
Hermes	450	6.9	65.2
搜索者	240	4.427	54.2

二、展弦比

展弦比 λ 定义为翼展 L 除以平均翼弦 b,公式如下。

$$\lambda = L/b$$

展弦比对机翼升力的影响:当机翼产生升力时,下表面压强向上,上表面压强向下,且

下表面压强值大于上表面(见图 3.25),则在翼尖处,下表面的高压气流流向上表面,减小了翼尖附近的升力。同时,如前文所述,有限展长机翼也是诱导阻力产生的重要来源。

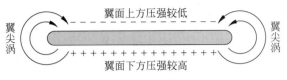

图 3.25　翼尖涡产生的原因

因此,展弦比越大,翼尖效应对机翼升力的影响越小。理想情况是和翼型升阻特性一样。对于低速和亚声速无人机,机翼展弦比越大,则升力线斜率和升阻比越大。

另外,翼尖涡减小了翼尖处的有效迎角,增大了翼尖处的失速迎角。因此,在机翼展向各翼型扭转角相同的情况下,翼根比翼尖易失速,这也是要设计机翼扭转的作用。一般翼尖剖面翼型与翼根剖面翼型的扭转角在±3°内。在相同情况下,展弦比越大,机翼滚转方向转动惯量越大,滚转机动性越差。

增大展弦比的目的是减小气流展向流动导致的翼尖涡,从而减小诱导阻力。在展弦比一定的情况下,可以对翼梢进行处理,从而减小诱导阻力。举例如下。

(1) 把翼端制成圆弧状,让涡流离开翼端。

(2) 把下翼面往上翻卷,让涡流尽量离开翼端。

(3) 翼梢小翼:目前最流行的做法,大部分小翼是往上伸,但也有些是往下伸的,小翼的作用除了隔离翼端上下的空气从而减少诱导阻力外,因安装的角度关系还可提供一些向前的分力。这是无人机最常见的方式。图 3.26 所示为带有翼梢小翼的飞机。

图 3.26　带翼梢小翼的飞机

三、后掠角

后掠角是指机翼与机身轴线的垂线之间的夹角(见图 3.27)。后掠角又包括前缘后掠角(机翼前缘与机身轴线的垂线之间的夹角,一般用 χ_0 表示)、后缘后掠角(机翼后缘与机身轴线的垂线之间的夹角,一般用 χ_1 表示)及 1/4 弦线后掠角(机翼 1/4 弦线与机身轴线的垂线之间的夹角,一般用 $\chi_{1/4}$ 表示)。

低速无人机上广泛采用大展弦比直机翼。高速无人机上广泛采用各种展弦比和各种平面形状的后掠翼。后掠角对空气动力特性的影响主要为:有效升力减小,流线呈现 S 形,气动压强分布发生改变,呈现"翼根效应"和"翼尖效应"。主要原因如下。

设无限翼展斜置机翼的后掠角为 χ,这时可将来流速度 v 分解成两个分速,一个是垂直于前缘的法向分速 $v_n = v_{\cos\chi}$,另一个是平行于前缘的展向分速 $v_t = v_{\sin\chi}$。展向分速 v_t 不影响机翼表面的压强分布,因而它对机翼的升力没有贡献,而只有法向分速流经机翼时才会产生升力,这与来流以流速 $v_{\cos\chi}$ 流过平直机翼一样,因此,无限展长斜置机翼的空气动力特性仅取决于法向分量 v_n,来流速度有所降低,导致升力减小(见图 3.28)。

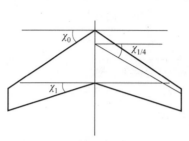
图 3.27 翼梢后掠角示意图

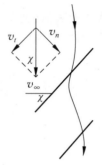
图 3.28 后掠角影响

展向分速 v_t 虽然对机翼的升力特性不产生影响,但它会使气流流线在机翼表面发生改变。气流流经机翼时,展向分速 v_t 是个常量,法向分速 v_n 的变化如下。

(1) 当气流从远前方流向机翼前缘时,其法向分速 v_n 受到阻滞而越来越小,致使气流的合速向左偏斜。

(2) 当气流从前缘流向最小压强点时,法向分速又逐渐增大,而展向分速 v_t 仍保持不变,所以气流的合速变大并向右偏转。

(3) 当气流流过最小压强点后,法向分速又逐渐减小,致使气流的合速又向左偏转,因此,气流流经斜置翼时,流线就呈现 S 形。

同时,后掠翼由于有翼根和翼尖的存在,会引起"翼根效应"和"翼尖效应",这将使后掠翼的气动特性和无限翼展斜置翼有所不同。

从图 3.28 中可以看出,在翼根上表面的前段,流线偏离对称面,流管扩张变粗,而在后段流线向内偏斜,流管收缩变细。在低速或亚声速时,由于前段流管变粗,流速减慢,压强升高(吸力变小),而后段流管变细,流速加快,压强降低(吸力增大)。

在翼尖部分的情况正好相反,在翼剖面前段吸力变大,后段吸力变小。因此,在翼根和翼尖处,沿弦向的压强系数分布将与半翼展中间部分的压强系数分布不同,如图 3.29 所示。

后掠机翼的"翼根效应"与"翼尖效应"引起翼弦的压强分布发生变化,这种变化在机翼上表面前段较为明显。由于上表面前段对升力贡献较大,所以"翼根效应"使翼根部分的升力系数减小,而"翼尖效应"使翼尖部分的升力系数增大。后掠机翼剖面升力系数沿展向的分布如图 3.30 所示。

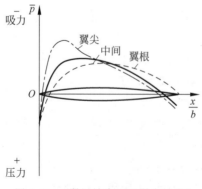
图 3.29 "翼根效应"和"翼尖效应"

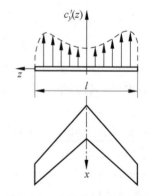
图 3.30 后掠机翼升力分布

这对无人机结构设计产生一定影响,即后掠翼无人机翼梢处气动力增大,需要适当加强梢部结构强度。

四、根梢比

机翼根梢比定义为 $\eta=b_0/b_1$(机翼根弦长与梢弦长的比值),长直机翼根梢比为 1,大部分低速无人机根梢比的范围是 1~3,后掠机翼根梢比的范围是 2~6。根梢比直接影响机翼的升力沿展向的分布规律,其影响机理与后掠角相同。对于低速平直机翼,当 $\eta=2.2$ 时,可以产生诱导阻力最小的近似随缘升力分布。

机翼后掠使空气流向外侧,翼尖载荷增大,为保持椭圆升力分布,应适当增大根梢比。

第四节　固定翼及旋翼无人机空气动力学基础

一、固定翼无人机

当翼型和机翼的平面形状确定后,固定翼无人机空气动力学特性主要由机翼、机身和尾翼的气动布局决定。主要的气动布局参数包括机翼的上反角、安装角、机翼与机身的相对位置、尾翼的布局形式。这些布局形式不仅对全机空气动力学性能有较大影响,而且对无人机的飞行性能和无人机结构也有一定影响。本节重点讲述气动布局形式对气动性能(升力、阻力、升阻比)的影响。

常见的气动布局形式有以下几种。

(1)正常式布局。正常式布局由机翼、机身和尾翼构成。尾翼在机翼后面,这是无人机中最常用的布局形式之一。

(2)鸭式布局。鸭式布局的尾翼位于机翼前面,是飞机最早采用的布局形式。鸭式飞机在中、大迎角飞行时,如果采用近距耦合鸭翼形式,前翼和机翼前缘同时产生脱体涡,两者相互干扰,使涡系更稳定,从而产生很高的涡升力。由于鸭翼位于飞机的重心之前,俯仰力矩在大迎角的情况下提供较大的抬头力矩(上仰力矩),不能稳定地飞行,因此必须提供足够的低头力矩来平衡。

(3)无尾布局。无尾布局没有尾翼。一般采用大后掠角的三角形机翼,用机翼后缘的襟副翼作为纵向配平的操作面。

(4)三翼面式布局。三翼面式布局在正常式布局的基础上增加了水平前翼,它综合了正常式布局和鸭式布局的优点。增加前翼可以使全机气动载荷分布更为合理,减轻机翼上的气动载荷。前翼和机翼的襟副翼及水平尾翼一起构成飞机的操纵控制面,以保证飞机在大迎角的情况下有足够的恢复力矩,允许有更大重心移动的范围;前翼的脱体涡提供非线性升力,提高全机最大升力。三翼面式布局的缺点是由于增加前翼使得飞机的总重有所增加。

根据机翼相对机身的垂直位置的不同,可将无人机分为上单翼、中单翼和下单翼三种结构布置。中单翼的气动干扰阻力最小,下单翼的干扰阻力最大。如果下单翼布局采用整流蒙皮,则可以大大降低气动干扰。中单翼对飞机的横滚力矩特性影响不大,上单翼使系数变大,其效果相当于机翼具有较大的上反角,下单翼则正好相反。

对主要的影响空气动力特性的参数影响分析如下。

（一）机翼上反角

从无人机后视图来看，上反角是机翼平面与机身平面的夹角，如图 3.31 所示。对于有上反角的机翼，其法向力分解为升力、阻力与侧向力。全机（只包括机翼）有效升力小于单独机翼升力，升阻比小于单独机翼升阻比。在定直平飞状态，升力与重力平衡，侧力主要起横向稳定的作用。一般为了增强横向稳定性，无人机机翼上反角在 $1°\sim5°$。

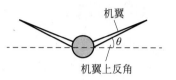

图 3.31　机翼上反角示意图

（二）翼身组合体

翼身组合体对空气动力特性的影响有两方面：一方面是机身会产生一部分升力；另一方面是机身本身阻力以及机身和机翼连接处的干扰阻力会增加全机的总阻力。

机身在满足装载要求的前提下，长细比保持合理范围，以减小其摩擦阻力和压差阻力。

一般机身会产生一定的升力，但是相对于机翼，机身处的阻力贡献则要小些。因此，全机的升阻比要小于单独机翼的升阻比。为了增加机身升力，减小翼身组合体的干扰阻力，许多无人机将机身机翼处增加圆弧相切的"整流包皮"，或者将机身做成加厚形式的"翼型"，与机翼做成翼身融合体布局形式。这种形式能极大地减小干扰阻力，提高全机升阻比，但对无人机结构、工艺及维护性提出了较高的要求。

（三）其他因素

机翼相对机身的垂直位置会影响全机的阻力特性。上单翼会增加无人机的横航向稳定性，下单翼则相反，中单翼翼身干扰阻力最小，但结构形式也较为复杂。

另外，小型无人机或大型无人机上会有襟翼，微型和轻型无人机由于尺寸限制等没有襟翼。无人机襟翼放下时升力系数增加，同时阻力系数也会增加，但升力增加更为明显。襟翼一般只在起降阶段使用，且收放角度不同，如图 3.32 所示。

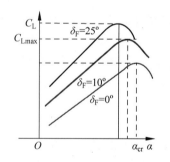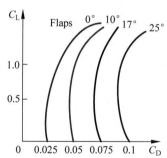

图 3.32　飞机襟翼放下升力曲线左移、极曲线右移

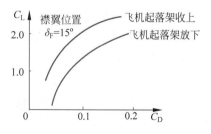

图 3.33　起落架对升力系数的影响

一般微型无人机或轻型无人机多采用弹射、滑橇或轮式起降方式。滑橇或轮式起降方式起落架不可回收。其对空气动力学特性的影响主要体现在增加干扰阻力方面，起落架放下阻力系数增加，飞机的极曲线向右下方移动，如图 3.33 所示。

（四）尾翼

固定翼无人机的尾翼主要起配平、增强纵向和航向稳定性及操纵性的作用。对全机升力贡献较小。按照尾翼的布局形式,无人机有无尾布局形式、正常式布局、V 形尾、T 形尾、倒 V 形尾、H 形尾翼等布局形式。

　　无尾布局无人机的气动性能与翼身组合体性能相同。其他布局形式的无人机,为了保证尾翼具有足够的操纵性,尾翼要晚于主翼失速,因此尾翼安装角一般小于主翼安装角。并且由于配平需要,尾翼一般采用对称翼型,其零升攻角基本为零。尾翼对全机的升力贡献可正可负,依据尾翼安装角和升降舵角度决定。

二、旋翼无人机空气动力基础知识

　　旋翼无人机是指无人直升机和多旋翼无人机。与固定翼无人机不同,旋翼无人机中旋翼既是升力面,又是操纵面,同时提供前飞动力。

　　虽然多旋翼无人机和无人直升机在结构形式、飞行原理、操纵原理等方面完全不同,但从产生升力的本质来说,多旋翼无人机和无人直升机有很多相近的地方。多旋翼无人机主要依靠每个旋翼上的螺旋桨叶片在旋转过程中产生升力,无人直升机主要依靠主旋翼上的桨叶在旋转过程中产生升力。旋转叶片是这两类无人机产生升力的重要部件。图 3.34 所示为几种旋翼类无人机的螺旋桨。

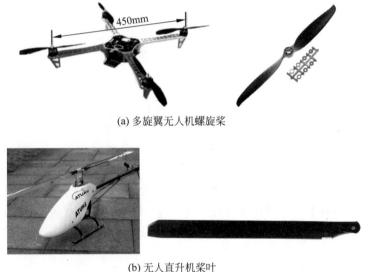

(a) 多旋翼无人机螺旋桨

(b) 无人直升机桨叶

图 3.34　多旋翼螺旋桨和无人直升机桨叶

　　旋翼桨叶除了随机体一起做直线或曲线运动外,还要绕旋翼轴旋转,因此桨叶空气动力现象比机翼复杂很多。无人直升机旋翼既是升力面,又是操纵面,因此比多旋翼螺旋桨运动更加复杂,涵盖了螺旋桨产生空气动力的典型原因。下面主要以无人直升机的翼型和旋翼说明其空气动力的主要特性。

（一）翼型

　　旋翼翼型定义与固定翼翼型相同,是指桨叶在展向某个截面的剖面形状。与固定翼无人机机翼不同的是,旋翼桨叶有其特殊的翼型形状,并且翼型形状和扭转角沿展向位置不同。早期直升机桨叶的翼型为对称翼型(图 3.35),如 NACA 4 位数翼型族。这种翼型在变距过程中,气动中心保持不变,能够在旋转中保持稳定,并且操纵载荷最小。现在主要采用非对称翼型(图 3.36)。这种翼型的压力中心随攻角的变化而移动,但可以通过扭转角的修正来产生和对称翼型相似的性能。这种翼型升力特性更好,阻力发散马赫数有明显的提高,如 ONERA 的 OA2 系列、OA3 系列、OA4 系列、OA5 系列以及 Boeing-Vertol 公司的 VR 系列、Sikorsky 公司的 SC 系列、DLR 的 DM-H 系列以及俄罗斯的 TsAGI 系列等。

图 3.35 桨叶截面形状——翼型

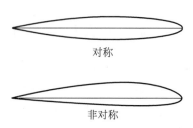

图 3.36 对称和非对称翼型

对于翼型,其空气动力产生原理与固定翼翼型相同,由伯努利定理可以解释其升力产生原因。升力计算公式也与固定翼翼型相同,即

$$L = \frac{1}{2}\rho v^2 b C_L^\alpha \alpha \tag{3.13}$$

但对于旋翼翼型,式(3.13)中有两点与固定翼不同,一是速度 v,二是迎角 α。

速度 v 不仅包含来流速度,也包含桨叶旋转速度,且桨叶每个剖面旋转引起的线速度均不同。

迎角 α 不是指来流速度与翼型剖面的夹角,而是指合成速度与翼型剖面夹角。并且由于旋翼既是升力面,又是操纵面,变距操作会引起桨叶剖面角度的改变,同时影响每个时刻迎角大小。

对这两点的解释如下。

假设无人直升机做垂直运动,翼型速度由两部分组成:一部分是向上的垂直运动的空气流动,在给定的飞行条件下该气流保持不变;另一部分是桨叶旋转引起的周向气流流动,它的大小为 ωR,每个展向位置速度均不同,方向与桨叶旋转运动方向相反,如图 3.37 所示。

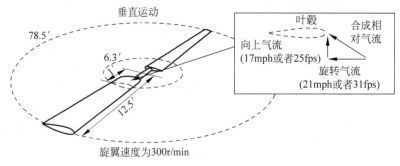

图 3.37 旋翼旋转合成速度示意

旋翼在前飞运动中气流流速也为飞行速度与旋转速度的合成,大小和方向时刻发生改变。悬停中气流速度为旋转速度,大小不变,方向时刻发生变化。

迎角为气流流速与翼型弦线的夹角。如前所述,一方面合成气流方向与旋翼转速有关,导致迎角与不旋转的机翼的迎角有所不同;另一方面,总距操纵、横向周期变距操纵和纵向周期变距会改变旋翼翼型弦线与旋转平面的夹角,这个角度称为变距角。综合这两方面因素,翼型的迎角在旋转运动过程中时刻发生变化。迎角与变距角的概念也不相同,如图3.38所示。

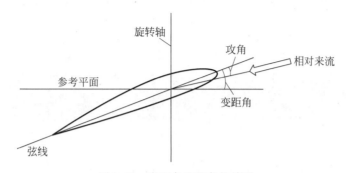

图3.38　变距角和迎角的关系

(二) 旋翼

旋翼同时具有固定翼无人机的升力作用、动力作用和操纵作用。其主要作用如下。

(1) 升力作用。通过翼型产生升力,旋翼产生向上的升力用来克服直升机的重力,维持空中飞行。

(2) 动力作用。通过挥舞运动,改变桨尖平面方向,旋翼产生向前的水平分力克服空气阻力使直升机前进。

(3) 操纵作用。通过变距操作,旋翼产生其他分力及力矩对直升机进行控制和机动飞行。

旋翼桨叶空气动力特性分为三个方面:一是升力方面,最大升力系数要高,这样能延迟在后行工作区产生的失速;二是阻力方面,延缓前行桨叶的失速,可以降低气动阻力;三是力矩方面,为了降低交变载荷,气动力矩系数要小。

与固定翼相比,旋翼桨叶空气流动现象有以下特点。

1. 速度、迎角、空气动力沿翼根到翼尖变化

桨叶旋转会导致在不同的位置获得不同的相对来流速度,这样会导致在靠近桨尖部载荷最大,为了使桨叶在展向受力尽量保持均匀,桨叶在制造时通常沿展向会有一个不同的初始攻角。一般在靠近根部的区域桨叶的截面攻角较大,在靠近尖部的区域截面攻角较小,如图3.39所示。

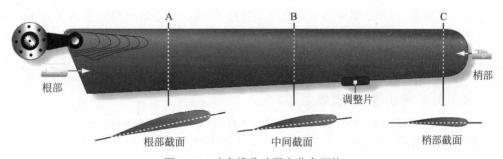

图3.39　攻角沿桨叶展向分布规律

　　桨叶做旋转运动,桨叶上的速度为

$$v = \Omega r \tag{3.14}$$

式中,Ω 为桨叶旋转速度;r 为桨叶的展向位置。通过式(3.14)可以得出,在悬停状态下,越靠近桨尖速度越大,如图 3.40 所示。

图 3.40　相对风速在桨叶展向位置上的分布

　　由于桨叶上的速度随展向位置增大,通常来说气动力应该随速度的增加而增大,但翼尖速度可能达到亚音速、跨音速甚全超音速,这样会导致桨尖产生失速,导致桨尖升力损失,桨尖阻力增加。由于桨尖损失,一般在桨尖处升力减少,如图 3.41 所示。

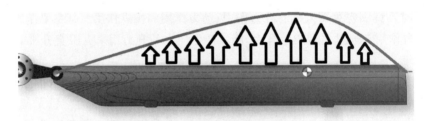

图 3.41　空气动力在翼型上的变化

　　桨叶在前飞时,旋翼桨叶的主要工作区包括前行桨叶工作区、后行桨叶工作区以及悬停状态,由于合成速度的影响,前行桨叶工作区域的马赫数大,后行桨叶工作区域的马赫数小。

2. 桨根的反流区

　　在悬停状态,桨叶旋转一周,桨叶上的气动力分布基本保持不变,在翼根处,由于初始攻角加上变距角的存在,可能使翼型在靠近翼根处攻角较大,使翼根区域处于失速状态,如图 3.42 所示。

　　当旋翼前飞状态时,由于前飞速度的存在,导致桨盘在旋转过程中整个桨盘气动力不再对称。桨盘共分两个区域,即桨叶前进区域和桨叶后退区域。在桨叶前进区域,由于旋转速度和前进速度的叠加,导致桨叶相对来流速度增加,将增大前进区域桨叶上的气动力。在桨叶后退区域中由于桨叶后退速度和前飞速度相减,导致桨叶上的相对来流速度减小。尤其是在后退区域的桨根处,由于前飞速度要大于根部速度,导致在根部出现反流区,如图 3.43 所示。

3. 桨尖失速、桨尖涡和地面效应

　　由于在桨叶后退区域,桨叶旋转速度和前飞速度相减会导致后退区域的升力损失,而造成桨盘升力的不对称,此时为了保持升力对称,弥补升力损失,需要给桨叶一个较大的变距操纵,此时翼尖速度较大且处于较大攻角下,则会出现翼尖失速情况。

图 3.42　悬停时桨叶气动区域分布

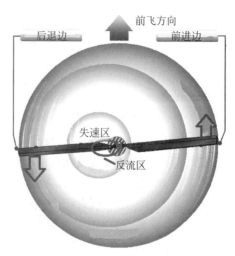

图 3.43　前飞时刻桨叶气流区域分布

当直升机悬停靠近地面时,会产生明显的地面效应(图 3.44)。地效效应会使直升机诱导阻力减小,同时能获得比空中飞行更高升阻比的流体力学效应:当运动的直升机距地面(或水面)很近时,整个桨盘的上、下压力差增大,升力会陡然增加。

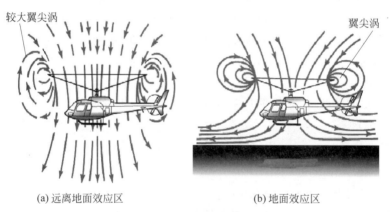

(a) 远离地面效应区　　　　　　　　(b) 地面效应区

图 3.44　地面效应

4. 旋翼桨叶挥舞运动

悬停时桨尖平面垂直于桨轴,旋翼旋转所产生的升力等于机身重力。悬停时由于桨叶在展向对应处的桨叶来流速度的不同,会导致展向力的分布相应不同。另外,由于桨叶受周期力的作用,导致桨尖在旋转时将同时绕桨毂做挥舞运动,如图 3.45 所示。

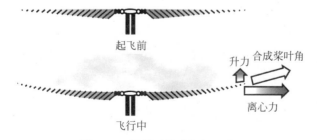

图 3.45　悬停时桨叶挥舞运动

课　后　题

一、选择题

1. 无人机之所以能在大气中做持续的飞行，主要靠空气给它的（　　）。

    A. 反扭力　　　　　　B. 反作用力　　　　　C. 阻力　　　　　　D. 摩擦力

2. 空气动力矩不随迎角变化的点叫作翼型的（　　），也叫翼型的焦点。

    A. 气动中心　　　　　B. 重心　　　　　　　C. 结构　　　　　　D. 以上都不对

3. 当迎角大过一定的值后，升力系数曲线就开始弯曲，再大些就达到了它的最大值，此值记为最大升力系数，对应的迎角称为临界迎角，也叫（　　）迎角。

    A. 失速　　　　　　　B. 最小　　　　　　　C. 升力损失　　　　D. 以上都不对

4. 摩擦阻力是由空气的（　　）产生的。

    A. 气流　　　　　　　B. 黏性　　　　　　　C. 湿度　　　　　　D. 密度

5. （　　）主要来源于全机各部件之间的干扰，由于流经飞机各部分之间的气流相互干扰而产生的一种额外阻力。

    A. 干扰阻力　　　　　B. 诱导阻力　　　　　C. 压差阻力　　　　D. 摩擦阻力

6. （　　）是指气流流过翼型时，在翼型前后产生的压强差引起的阻力。

    A. 干扰阻力　　　　　B. 诱导阻力　　　　　C. 压差阻力　　　　D. 摩擦阻力

7. （　　）的主要功用是产生升力，从而克服重力，维持无人机在空中飞行。

    A. 机翼　　　　　　　B. 尾翼　　　　　　　C. 襟翼　　　　　　D. 副翼

8. （　　）也叫翼载荷，是机翼每单位面积所承担的重量（单位是 g/cm^2），它是无人机性能的关键指标之一。

    A. 翼面负载　　　　　B. 翼面面积　　　　　C. 翼展　　　　　　D. 以上都不对

二、思考题

1. 展弦比对机翼升力的影响有哪些？

2. 在展弦比一定的情况下，怎样对翼梢进行处理从而减小诱导阻力？

3. 旋翼同时具有固定翼无人机的升力作用、动力作用和操纵作用，其主要作用有哪些？

4. 与固定翼相比，旋翼桨叶空气流动现象有哪些特点？

第 四 章

无人机飞行性能与飞行原理

飞行性能是评价无人机好坏的最重要指标。飞行原理是无人机飞行遵循的基本原理，包括飞行稳定性、机动性和操纵性等。

固定翼无人机、无人直升机和多旋翼无人机的飞行性能定义有很多相近之处，但其性能指标差异比较大。本章关于飞行性能定义以固定翼无人机为例进行说明。在无人直升机和多旋翼无人机方面，指出其不同的飞行性能指标。虽然飞行性能定义相近，但这三种无人机的飞行和操纵原理有很大的差别，需要区别对待。

第一节　无人机受力

在考虑固定翼无人机的飞行稳定特性时，需要将其当成刚体，除了具有三个平动自由度外，还具有绕机体轴转动的三个转动自由度。如果评价其飞行性能，则可以将无人机作为质点处理，只有三个平动自由度。此时用牛顿定律可以解释无人机的多数飞行性能。

牛顿第一运动定律：在不受任何外力或所受外力之和为零的状态下，物体总保持匀速直线运动状态或是静止状态。

例如，无人机的定直平飞状态的飞行性能就可以利用牛顿第一定律来分析。在定直平飞状态无人机所受的合外力为零，即升力等于重力、推力等于阻力。此时无人机保持定直平飞状态。

无人机所受到的主要作用力有升力、阻力、推力和重力，如图 4.1 所示。

升力和阻力是空气动力的分量，主要由机翼产生。推力或拉力是维持固定翼无人机飞行的动力（在滑翔机中没有）。重力是具有质量的物体在地球引力作用下产生的，方向始终竖直向下。维持固定翼无人机飞行的基本原理是升力克服重力，推力克服阻力。

前面已经讲过升力产生的原理和影响因素。作用于无人机的力若刚好平衡，此时无人机保持原来的状态，如定直平飞、上升或下降。如果不平衡，则合力不为零，依牛顿第二定律

图 4.1　无人机飞行主要受力示意图

就会产生加速度,如沿机体轴的加速运动及绕机体轴的转动。

　　飞机等速直线飞行时,x 方向阻力与推力大小相同方向相反,故 x 方向合力为零,飞机速度不变,y 方向升力与重力大小相同而方向相反,故 y 方向合力也为零,飞机不升降,所以会保持匀速直线飞行。

　　这四个力的合力还会形成绕质心的力矩。弯矩不平衡则会产生旋转加速度,对无人机来说,X 轴弯矩不平衡飞机会滚动,Y 轴弯矩不平衡飞机会偏航,Z 轴弯矩不平衡飞机会俯仰,如图 4.2 所示。

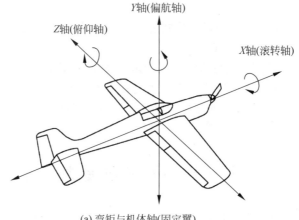

(a) 弯矩与机体轴(固定翼)

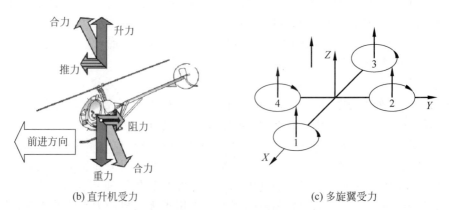

(b) 直升机受力　　　　　　　　　(c) 多旋翼受力

图 4.2　无人机受力

第二节　固定翼无人机飞行性能

为了描述无人机实现其设计目标的有效性,通常使用"性能"这个术语来进行描述。不同的无人机会强调不同的性能,如平飞性能、机动性能、巡航性能、负载能力、起飞着陆性能等。固定翼无人机主要的飞行性能如下。

一、平飞性能

平飞性能是无人机最重要的性能之一,决定了无人机的飞行速度和飞行高度范围,与无人机的气动力特性、动力装置和结构等因素密切相关。对于大型和小型无人机,更关注其飞行包线,即高度—速度范围。对于轻型和微型无人机,飞行高度较低,则只关注其飞行速度范围。

平飞时,升力、阻力、推力和重力沿机体轴平衡,同时,这些力对质心的力矩也为零,如图 4.3 所示。无人机的平飞性能主要包括最大平飞速度、最小平飞速度、经济巡航速度及平飞速度范围。这些速度主要取决于升力系数和发动机推力。

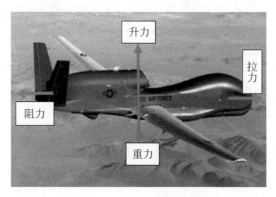

图 4.3　平飞时的作用力

1. 最大平飞速度

在一定高度和重量下,无人机处于最大推力状态时,无人机所能达到的稳定平飞速度,即做定常直线飞行时所能到达的最大平飞速度。

不同高度状态,发动机推力不同。在一定高度下,速度越大,阻力越大,当阻力引起的需用功率和发动机可用功率平衡时,维持定直平飞状态。最大速度主要受到发动机推力限制,同时还受到结构强度、颤振等限制。

2. 最小平飞速度

无人机做等速平飞所能保持的最小速度。对无人机的要求来说,最小平飞速度越小越好,因为最小平飞速度越小,飞机就可用最小速度接地,以改善飞机的着陆性能。

最小平飞速度受无人机失速特性限制。因为要维持匀速直线飞行,则升力要等于重力,且保持定值,速度越小,在保持配平构型的升力线斜率一定的情况下,攻角则越大。失速时的攻角为升力系数最大值,也是平飞速度最小值。此外,最小平飞速度还受发动机使用特性等影响。

3. 平飞经济巡航速度

用最小所需功率做水平飞行时的速度。此时发动机耗油最少。一般均以巡航速度飞行,此时经济性最好。

4. 平飞速度范围

一定高度下,从最小平飞速度到最大平飞速度称为平飞速度范围。平飞速度范围越大,最小平飞速度越小;最大平飞速度越大,平飞性能越好。

二、爬升性能

飞机沿向上倾斜的轨迹所做的等速直线飞行叫作上升(爬升),爬升是固定翼无人机取得高度的基本方法。通常爬升开始可以通过加大迎角来实现,这将导致升力的瞬间增加,但只会持续几秒,随后无人机会减速,升力比原来小,小于无人机的重力,如图4.4所示。

爬升性能主要包括最大爬升角、最大爬升率、爬升时间和爬升所经过的水平距离。影响爬升性能的主要因素是发动机的剩余推力和爬升方式。

爬升有两种极限状态:一种是快速爬升或者最大爬升率爬升,即无人机以最短的时间爬升到指定高度;另一个是陡升或者以最大爬升角爬升,这时无人机可以避开机场周围障碍物。这两种方案会有不同的爬升路径和空速,如图4.5所示。

图4.4　爬升中无人机受力

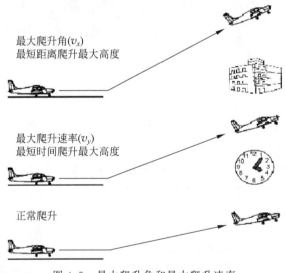

图4.5　最大爬升角和最大爬升速率

三、下降性能

无人机沿向下倾斜的轨迹做的等速直线飞行叫作下降,下降是无人机降低高度的基本方法。下降中作用于飞机的外力与平飞、爬升一样,也有升力、重力、拉力和阻力。下降时作用力如图 4.6 所示。在某些情况下,下降时可以不需要动力。此时只有升力、阻力和重力。下降时升力同样小于平飞升力。

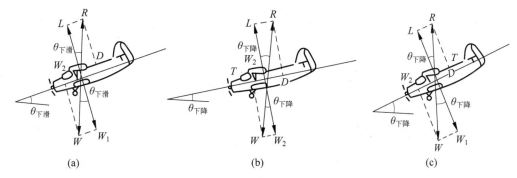

图 4.6　下降时的作用力

四、航程

续航性能是指无人机持续航行的能力,主要包括航程和续航时间两个指标。

航程是指无人机在起飞后不再加油或充电的情况下,以巡航速度或预定航线所能到达的最远距离。

提高航程的办法有以下几个。

(1) 减小发动机的耗油率(油动无人机)。

(2) 增加无人机的最大升阻比。

(3) 减小无人机的结构质量。

(4) 进行空中加油(具备空中加油能力的大型无人机)。

五、续航时间

续航时间又称为航时,是指无人机在一次加油或一次充满电的情况下在空中所能持续飞行的时间。目前,一般微型无人机或轻型无人机续航时间都在 1h 以内。表 4.1 所示为 RQ-4A"全球鹰"无人机飞行性能参数。

表 4.1　RQ-4A"全球鹰"无人机飞行性能参数

参　量	数值	参　量	数值	参　量	数值
机长	13.4m	最大飞行速度	644km/h	航程	26000km
高	4.62m	最大飞行高度	1.981km	航时	36h
翼展	35.4m	最大起飞质量	11610kg	空中停留时间	24h

六、活动半径

无人机由指定位置起飞,到达某一空中位置时,完成一定任务(如洒药、巡线等)后返回起飞位置所能到达的最远单程距离,如图 4.7 所示,无人机的活动半径略小于其航程的一半。

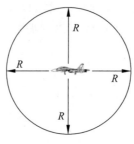

图 4.7　活动半径图

七、起飞、着陆性能

起飞性能主要是指起飞速度和起飞滑跑距离。起飞速度主要受失速速度和擦尾角的限制。起飞速度达到失速速度的 1.2 倍,无人机离地较为安全。

起飞滑跑是指无人机从静止状态到完全离地所经过的距离。对于前三点式无人机,起飞滑跑分为三轮滑跑和抬前轮后的两轮滑跑两部分,滑跑距离主要由第一部分决定,此时发动机性能和地面粗糙度对滑跑距离的影响很大。在第二部分滑跑阶段,无人机已达到失速速度,一般以该速度继续滑跑 3s 认为达到完全离地状态。

着陆性能是指着陆速度和着陆滑跑距离。着陆拉飘时发动机不工作,着陆速度为

$$v_{jd} = k \sqrt{\frac{2G}{\rho S C_{L,jd}}} \tag{4.1}$$

式中,k 为地面效应因子,取值范围一般为 $0.9 \sim 0.95$。着陆接地速度主要由失速攻角和着陆质量决定。着陆质量越小,失速攻角越大,则着陆接地速度越小,从而滑跑距离越短。

第三节　固定翼无人机飞行稳定性及控制原理

一、固定翼无人机飞行稳定性

稳定性是衡量无人机飞行品质的一个重要参数。如果无人机受到扰动后,在不进行任何紧急操作的情况下能够回到受扰动前的状态,则称无人机是稳定的;反之是不稳定的。固定翼无人机的飞行稳定性分为纵向稳定性、横向稳定性与航向稳定性,均在机体坐标系中定义。

机体坐标系如图 4.8 所示。原点位于飞行器的质心 O;X 轴在飞行器对称平面内,平行于机身轴线或机翼的平均气动弦线,指向前;Z 轴在对称面内,垂直于 X 轴,指向下;Y 轴垂直于对称面,指向右。

无人机气动力矩的三个分量(即滚转力矩 L、偏航力矩 N 和俯仰力矩 M)和对应的三个角运动也是对机体坐标系的三根轴定义的。无人机运动的三轴如图 4.9 所示。

1. 纵向稳定性

无人机绕 Y 轴的稳定叫作纵向稳定性,它反映了无人机的俯仰稳定性和操纵特性。纵向静稳定性主要取决于全机重心和焦点的相对位置。一般重心在焦点位置前面无人机是纵

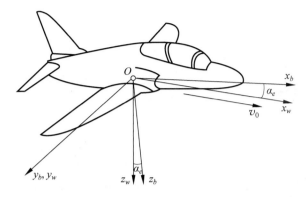

图 4.8　机体坐标系

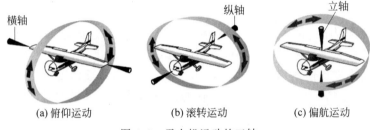

(a) 俯仰运动　　　　　　(b) 滚转运动　　　　　　(c) 偏航运动

图 4.9　无人机运动的三轴

向静稳定的。因此,在设计、装配与调试时需要密切关注无人机的中心位置。重心越靠前,稳定性越好,操纵性越差;反之,稳定性差,操纵性好。水平尾翼靠后可以使全机焦点后移,有改善纵向稳定性的作用。一般来说,飞翼布局的无人机纵向稳定性相对较差,可以通过飞行控制系统中的增稳控制系统加以解决。

2. 横向稳定性

无人机绕 X 轴的稳定叫作横向稳定性,它反映了飞机的滚转稳定性。保证飞机横向稳定的主要因素有机翼上反角 ψ、机翼后掠角和垂直尾翼。上反角越大,飞机的横向稳定性越好;后掠角越大,飞机的横向稳定性也越好。但对于低速和亚音速无人机,后掠角主要由气动性能决定,不宜过大。

3. 航向稳定性

无人机绕 Z 轴的稳定叫作航向稳定性。飞机主要靠垂直尾翼来保持其航向稳定性。无人机的机身侧面迎风面积、机翼后掠角、发动机短舱等对无人机的航向稳定性有一定影响。

二、固定翼无人机操纵原理

常规布局的固定翼无人机如图 4.10 所示。它的操纵舵面有副翼、升降舵和方向舵。

控制左、右副翼分别向上和向下偏转,主要用于改变左机翼和右机翼的升力分布,这样左、右机翼上升力不相同,形成绕机身轴的滚转力矩,实现无人机绕 X 轴的滚转运动。无人机的转弯、盘旋和横滚等动作主要由副翼完成,另外还要配合发动机油门等辅助完成。

控制升降舵向上或向上偏转,主要用于改变平尾弯度,从而改变平尾升力大小,形成绕

图 4.10　常规布局的固定翼无人机

体轴系 Y 轴的俯仰力矩,实现无人机绕 Y 轴的俯仰运动。无人机起飞、降落、爬升、下滑、翻筋斗等操纵动作主要由升降舵控制完成,另外还要配合发动机油门等辅助完成。

控制方向舵向左或向右偏转,主要用于改变垂尾弯度,从而改变垂尾侧力大小,形成绕体轴系 Z 轴的偏航力矩,实现无人机绕 Z 轴的偏航运动。无人机偏航、转弯等操纵动作可由方向舵辅助完成。

三、固定翼无人机控制原理

操纵固定翼无人机的相应舵面可以实现无人机的飞行动作。在有人驾驶飞机上,这些操纵主要由驾驶员和自动驾驶系统完成。在无人机上,这些操纵主要由无线电遥控或自动驾驶系统完成。

无线电遥控的控制原理:操纵手在地面操纵发射机的操纵杆,发射舵面指令信号,该指令信号通过编码、选频等内部电路,以无线电波传输,将指令发送给匹配的接收机。接收机接收到该指令信号后,指令信号通过解码,控制相应通道的舵机进行转动。舵机与舵面连接,达到操纵相应舵面偏转的目的。

自动驾驶系统的控制原理:通过安装在无人机上的测量元件,如陀螺仪、GPS、空速管等,测量当前无人机的飞行状态参数。将这些参数反馈到中控计算机(或主控板),通过匹配当前参数与预先设置的飞行参数,采用相应算法,生成舵机控制指令控制舵机,带动舵面进行偏转,从而控制实际飞行姿态和飞行航线,达到实际飞行状态匹配预先设置飞行状态的目的。

第四节　无人直升机飞行性能及飞行原理

一、无人直升机飞行性能

1. 无人直升机与固定翼无人机的不同

无人直升机与固定翼无人机在飞行模式和受力等方面有较大的不同。

（1）飞行模式。固定翼无人机飞行模式一般为水平滑跑起降、爬升、水平飞行等。而无人直升机常见的飞行模式是垂直起降（无须滑跑）、水平前飞和倒飞、垂直上升和下降、侧飞等。

（2）受力。固定翼无人机主要受到空气动力（升力、阻力）、发动机推力和重力作用。无人直升机中发动机主要起驱动旋翼转轴转动的作用，不起推力作用。推力由旋翼的升力分量提供。因此，无人直升机主要的受力是升力、阻力和重力。旋翼升力通过桨盘平面倾斜提供水平侧向力、向后和向前的分量，实现无人直升机特殊的飞行模式，如图 4.11 所示。

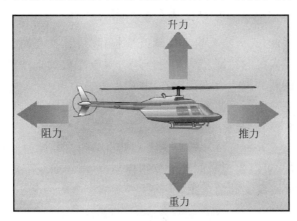

图 4.11　无人直升机悬停时受力

2. 无人直升机飞行性能分类

无人直升机飞行性能通常分为垂直飞行性能和水平飞行性能，有些飞行性能与固定翼无人机相同，如航程、续航时间、活动半径等，且由于无人直升机的特殊性，其航程一般较小，续航时间较短。没有起飞、着陆性能。其与固定翼无人机不同的飞行性能有以下几个。

（1）垂直上升速度。垂直上升速度是指无加速状态时的垂直上升速度。

（2）静升限。静升限与固定翼的静升限含义略有不同。它是指无人直升机悬停飞行时垂直上升速度为零时的极限高度，即最大悬停高度。与固定翼无人机类似，无人直升机也有实用静升限含义，是指垂直上升速度为 0.5m/s 所对应的高度，也称为实用悬停高度。

（3）自转下滑性能。自转下滑性能是指在没有发动机驱动、旋翼自转情况下的最小下滑率（最小下降速度）和最小下滑角。

二、无人直升机操纵及控制原理

无人直升机运动包括姿态运动和轨迹运动。姿态运动是指绕无人机机体轴的三个角运动；轨迹运动是指无人直升机质心在空间中的运动轨迹。无人直升机操纵就是控制直升机的姿态运动和轨迹运动。

飞行控制系统是一个根据测量元件测量当前无人直升机的飞行姿态和运动轨迹，反馈给中央处理器，根据目标航线运动和当前测量值差别，由一套控制算法控制执行机构，进行姿态控制，使无人直升机按照当前预定轨迹运动。图 4.12 所示为无人直升机的控制原理。

自动驾驶功能包括姿态保持、航向保持、高度保持等，能够实现航迹控制、自动导航、自动着陆、垂直升降、自动悬停、自动过渡飞行等功能。

无人直升机没有类似固定翼无人机上的各种操纵舵面，对无人直升机的控制主要依靠

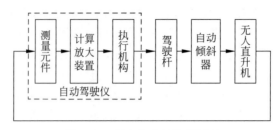

图 4.12　无人直升机控制原理

旋翼和尾翼来完成。因此,无人直升机的旋翼既要提供升力,又要对无人直升机进行控制。旋翼同时具有固定翼无人机的机翼和副翼的作用。对于单旋翼带尾桨的无人直升机,通过操纵机构可以控制主旋翼的拉力大小和方向,并产生操纵力矩,无人直升机在飞行中的大多数控制是通过旋翼来完成的。尾桨不但起到克服主旋翼反扭力的作用,同时还要控制无人直升机的航向,其作用类似固定翼无人机的方向舵。

目前绝大多数微型无人直升机和轻型无人直升机采用自动倾斜器对旋翼进行控制。自动倾斜器有三个自由度,可以实现对旋翼的总距控制、纵向周期变距控制和横向周期变距控制。变距控制可以改变旋翼桨叶的攻角,从而改变旋翼上升力的大小和方向,实现旋翼姿态和轨迹的操纵。

自动倾斜器分为旋转环和不旋转环两部分。旋转环是与旋翼保持同步旋转的,由旋翼轴上的扭力臂带动旋转环旋转;而不旋转环并不跟随旋翼旋转,通常会有机构来保持不旋转环的方位角度。

在操纵时,操纵力矩首先要控制不旋转环,再由不旋转环来改变旋转环的姿态。最后,旋转环通过变距拉杆来改变旋翼桨叶的桨距,实现对旋翼的控制。

铰接式旋翼和跷跷板式旋翼进行操纵控制的原理不太相同。前者直接控制旋翼桨叶的总距和周期变距,达到改变桨盘平面进而改变升力方向的作用。后者主要通过改变伺服小翼的总矩和周期变距,实现跷跷板两端桨叶升力不平衡,从而改变升力大小和方向的作用实现控制。下面分别对这两种控制原理进行解释。

在进行总距操纵时,自动倾斜器进行上、下平移,所有桨叶的攻角变化是相同的,此时同发动机的风门联动就可以起到改变旋翼拉力的效果。当自动倾斜器向前倾转时,桨叶在变距拉杆的带动下,周期性地改变攻角,此时在各个位置桨叶的攻角变化量就不相同了。

图 4.13 所示为无人直升机自动倾斜器俯视示意图。其中红色部分为自动倾斜器的不旋转环,蓝色部分为旋转环,紫色为旋翼,A 为机头方向。针对铰接式旋翼的无人直升机,起飞时的操纵原理如下。

操纵自动倾斜器使得不旋转环的 A 点最低,C 点最高,B 点和 D 点无变化。当旋转环上的 E 点旋转到 C 点时,其控制的桨叶处于 D 点位置,此时桨距最小。而旋转环处在 B 点时桨叶和桨距最大,此时升力也最大。在升力作用下桨叶从 B 点开始逐渐向上挥舞,当到达 C 点时挥舞至最高。同理,桨叶在从 D 点运动到 A 点时向下挥

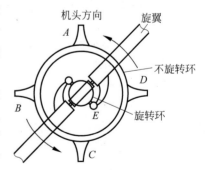

图 4.13　无人直升机自动倾斜器
俯视示意图

舞至最低,此时整个桨盘平面是向前倾斜的,升力产生向前的分力,控制无人直升机前飞。

需要说明的是,虽然桨盘平面的倾斜相对桨叶的桨距变化有90°的滞后,但是自动倾斜器的倾转方向与桨盘平面的倾转方向大体相同。为了与习惯一致,在实际控制桨叶时,旋转环的方位角会超前90°控制桨叶来克服桨盘平面的滞后。但在实际设计周期变距机构时,由于挥舞铰外伸量的不同,桨盘平面的滞后角有时会小于90°,需要对不旋转环的操纵相位进行调整,使操纵杆前推时桨盘平面也是前倾的。

跷跷板式旋翼无人直升机的桨毂没有挥舞铰,同时有阻尼橡胶限制桨叶的挥舞,在微型、轻型无人直升机上,桨叶刚度很大。这些均导致桨叶的挥舞量很小。这种情况下的桨盘平面不会发生倾斜,不能依靠改变旋翼拉力方向来控制无人直升机,主要通过伺服小翼来控制周期变距。自动倾斜器不仅控制桨叶的周期变距,而且控制伺服小翼的周期变距。伺服小翼的挥舞位移很大,并且在气动力的作用下可以对桨叶产生很大的操纵力矩,因此小翼也控制桨叶的周期变距。两片桨叶的攻角不同,产生的升力大小也不同,因此整个旋翼就会一边的升力大而另一边的升力小,不平衡升力直接通过桨毂带动无人直升机运动。

无人直升机还有针对发动机的控制。无人直升机上的发动机控制一般可以分为开环控制和闭环控制。开环控制仅适用于剩余功率大、转速稳定的微型无人直升机,其特点是控制简单方便,但是控制品质差,对于飞行中可能遇到的干扰扰动抑制效果差。目前发动机控制大都采用闭环控制。图4.14所示为发动机风门控制原理框图。

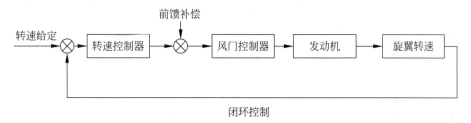

图 4.14　发动机风门控制原理框图

课　后　题

一、选择题

1. (　　)是固定翼无人机最重要的性能之一,决定了无人机的飞行速度和飞行高度范围,与无人机的气动力特性、动力装置和结构等因素密切相关。

  A. 爬升性能　　　　B. 平飞性能　　　　C. 下降性能　　　　D. 续航性能

2. 无人机绕 Y 轴的稳定叫作(　　),它反映了无人机的俯仰稳定性和操纵特性。

  A. 横向稳定性　　　B. 纵向稳定性　　　C. 航向稳定性　　　D. 机身稳定性

3. 无人直升机中,(　　)是指无人直升机悬停飞行时垂直上升速度为零时的极限高度,即最大悬停高度。

  A. 最大升力　　　　B. 静升限　　　　C. 垂直上升速度　　D. 自转下滑性能

4. 无人机的机身侧面迎风面积、机翼后掠角、发动机短舱等对无人机的(　　)有一定影响。

  A. 横向稳定性　　　B. 纵向稳定性　　　C. 航向稳定性　　　D. 机身稳定性

5. (　　)是指无人机持续航行的能力,主要包括航程和续航时间两个指标。

  A. 续航性能   B. 爬升性能   C. 平飞性能   D. 下降性能

二、思考题

1. 列举提高固定翼无人机航程的办法。

2. 简述无人机的平飞性能概念。

第 五 章

无人机平台结构学基础

第一节　无人机常用材料与机构特点

本章主要讲述无人机平台的结构。简练起见,本章中将无人机平台简写为无人机。按照第一章无人机的分类,无人机包括微型、轻型、小型和大型无人机。微型和轻型无人机与航空模型体积、重量相近,其飞行环境、载荷特点、结构特点和材料特点均相近,主要在近地对流层飞行、翼载荷较小、结构形式简单,多数采用非金属材料。小型和大型无人机军事用途较多,在工业中应用相对较少,其体积和重量与小型通用航空飞机和军用飞机相近,翼载荷相对较大,结构形式多样,多数采用金属材料,也大量使用复合材料。本章主要介绍微型和轻型无人机结构特点,简单提及小型和大型无人机结构。

一、无人机常用材料

无人机所用材料包括机体材料(包括结构材料和非结构材料)、发动机材料和涂料,其中最主要的是机体结构材料和发动机材料,结构材料应具有高的比强度和比刚度,以减轻无人机的结构重量,改善飞行性能,还应具有良好的可加工性,便于制成所需要的零件。

无人机速度决定了机身所受载荷,也决定了机体材料的选择。低速无人机结构用材主要是木材、塑料、玻璃纤维或碳纤维复合材料蜂窝夹层结构,高速无人机结构多以铝合金为主体材料,适当选用钛合金、碳纤维复合材料及与先进工艺方法相适应的其他材料,以达到增加承载能力和减轻结构质量的目的。图 5.1 所示为几种常见的材料。

复合材料主要由基体材料和增强材料在特定工艺下黏结制作而成。无人机上最常用的复合材料有碳纤维复合材料和玻璃纤维复合材料。复合材料具有轻质、比强度高、比模量高、抗疲劳能力强、抗震能力强的优点。同时,根据不同的加工工艺,它具有各向异性的特

(a) 桐木　　　　　　(b) 轻木　　　　　　(c) 凯夫拉纤维

图 5.1　几种无人机常用材料

点,本身具有可设计性,在不改变结构重量的情况下,可根据飞机的强度、刚度要求进行优化设计。复合材料的耐腐蚀性能,可满足无人机恶劣环境下长储存寿命的特殊要求,降低使用维护的寿命周期成本。但是复合材料的导电性能较差,在雷电天气下容易遭受雷击导致机体和电子设备损坏。另外,其可修复性能较差,修复后的力学性能降低明显。图 5.2 所示为碳纤维材料板。

碳纤维和玻璃纤维复合材料在无人机上主要有两种用途:一是整体成型;二是局部加强。目前,随着无人机制造工艺的发展,前者应用相对较为广泛。采用整体成型的方式制造机身、机翼、尾翼等无人机部件,具有质轻、批量生产等优点。但是其修复性较差。用于局部加强的纤维复合材料主要是单向碳片、双向碳片、碳杆、碳管等,主要用在微型和轻型无人机局部加强件上。

1. 微型无人机材料

微型无人机一般重量只有几十到几百克,速度为每小时几十千米,机体表面承受载荷较小,所以对机体材料强度要求低于传统无人机。由于动力装置功率的限制,微型无人机对自身质量的要求非常高,要求材料密度尽可能小。目前,微型无人机机体结构多采用轻质材料,常用到的非金属材料有木材(包括轻木、桐木、层板、榉木、桦木等)、复合材料(包括凯夫拉纤维、碳纤维复合材料、玻璃纤维复合材料等)、尼龙、纺织品和塑料等。图 5.3 所示为碳纤维材料制作的微型无人机机架。

图 5.2　碳纤维材料板　　　　　　图 5.3　使用碳纤维材料制作的微型无人机机架

2. 轻型无人机材料

轻型无人机速度较低,机身和机翼承受载荷不高,故在材料选择上更加强调"轻质"。轻型无人机的典型材料选择一般为：在机身和机翼的起落架（滑橇）等主要承力部位采用合金钢、铝合金等金属材料，机身隔框等次要承力部位使用航空层板等轻质材料，机体壁板、蒙皮、整流罩等部位采用玻璃钢蜂窝夹层结构材料或玻璃纤维—碳纤维混杂结构材料。轻型无人机选用的复合材料以玻璃纤维增强树脂基复合材料为主，在保证强度的条件下降低成本。

3. 小型和大型无人机材料

随着飞机速度的提高，机体载荷增大，无人机材料也向金属结构过渡，高速无人机中铝合金用量明显提高，部分采用钛合金。目前，小型和大型无人机材料主要以铝合金为骨架，其他部位大量采用碳纤维增强树脂基复合材料。

随着复合材料技术的发展，大型无人机中复合材料的用量也越来越多，逐渐取代了铝合金，成为高速无人机的主要材料。现代有人机中复合材料比例最高的为50%，而目前的先进无人机中，复合材料用量远超过50%，如"全球鹰"除机身主结构外，其余结构均以复合材料制成，复合材料占机身的65%，甚至有多款著名无人机的复合材料用量超过90%。

在复合材料的种类方面，大型无人机与轻型无人机也有所区别。轻型无人机所用复合材料以玻璃纤维和芳纶纤维增强复合材料为主，而大型无人机中多数以性能更好、价格更高的碳纤维增强树脂基复合材料为主，为了降低成本或调节性能，混杂部分玻璃纤维和芳纶纤维。

二、结构制造工艺

1. 激光切割组装技术

激光切割技术在微型和轻型无人机中应用非常广泛。对于木材及轻质塑料、PVC板等轻质非金属平面材料，根据Solidworks或AutoCAD等设计图纸，完成数字平面构型后，采用激光切割机进行切割成型，然后利用胶水和螺栓进行组装。激光切割组装常用于微型固定翼无人机中。采用激光切割技术的主要部件有方形机身侧板、翼肋、隔框等。图5.4所示为使用激光切割机制作的无人机部件。

图5.4 激光切割机和激光切割制作的翼肋

2. 碳纤维板材CNC切割组装

碳纤维板材CNC切割组装技术与激光切割机类似，主要用于平面的碳板切割，在多旋翼无人机机架和支臂制造中广泛使用。一般使用AutoCAD、Solidworks等机械设计软件设计，使用CNC(Computer Numerical Control)铣出机架及云台的板材，再切割出支臂需要的管材，辅以部分通用的塑胶件，最后用螺栓连接的方式组合在一起。这种生产工艺在全重2～25kg的多旋翼上使用得非常多，由于是零件组装，所以很方便随时修改设计和局部修复结构。

3. 复合材料模具生产

复合材料模具主要用于生产翼身融合体或复杂机身外形的固定翼无人机机身和机翼制造、直升机机身以及大负载复杂外形的多旋翼无人机机架。其充分利用复合材料轻质、高强度的特点,并且能够进行复杂外形的生产,具有其他加工工艺无法比拟的优点。

这种工艺首先在中小型军用固定翼无人机平台中使用,可方便地加工出具有复杂曲面且质量轻、刚度好的机体结构。对于大批量的生产,一般使用机床加工出金属模具;对于中小批量的生产,先制作木制阳模,再手工翻制出玻璃钢阴模,之后在模具中进行铺层,根据技术要求选择何时、何地使用碳纤维、玻璃纤维、纸蜂窝、聚氨酯泡沫夹层等铺层用料。在铺层的同时将防火墙、起落架承力点、电机安装位等局部结构同时安装以方便固化。一般使用饱和树脂,对强度要求较高时,还需要高温固化。固化后出模,进行表面处理,最后进行组装。

4. 塑胶模具注塑生产

塑胶模具注塑生产工艺主要用于消费级多旋翼或无人直升机,这些无人机尺寸较小,需要大批量生产,需有效控制材料成本,所以多采用塑胶模具注塑成型。这种加工方法和平常使用的电子类产品外壳的加工方式相同。

5. 机械加工

机械加工主要用于金属零部件制作中,如车、铣、刨、磨、线切割等传统机械加工工艺。小型和大型无人机的金属梁、无人直升机的桨毂等部件均采用机械加工形式。

6. 其他制造工艺

其他手工制造、3D 打印技术在无人机生产中也广泛使用。目前,3D 打印受限于结构承载能力和大型构件无法加工的问题,只在小部件和非关键零部件中使用。图 5.5 所示为 3D 打印机。

图 5.5 3D 打印机

三、无人机结构特点

无人机上没有驾驶员,不受驾驶员生理条件的限制,因此在机体结构的安全要求、结构形式及结构强度、刚度要求等方面就可以做出适当的调整,结构设计较为简单、轻便,具有较大的性能上限。无人机结构主要有以下特点。

1. 结构工艺性和经济性特点

由于无人机上不需要安置座舱及其相应的设备,飞机的主体结构可以根据飞机的外形及强度、刚度的需要,尽量使用简捷的结构形状和明确的传力特征。由于各种管路、油路、气路及电缆等相对较少,且传递路线较为直接,所以,结构件上的各种开口、开槽也就相对较少。目前的无人机多数为低速、亚音速或高亚音速的无人机,较少机动动作,载荷情况简单。另外,由于无人机结构相对简单,零部件的外形较为规范,这样也给零部件的工艺设计及机械加工带来方便,可以较好地保证零部件的生产质量。

2. 结构使用维护特点

无人机平台通常把几个零部件设计成为一个整体结构,这样连接件、紧固件就会减少,进而减轻结构重量和结构应力集中区域的个数,从而也就减少了机体结构的关键危险部位的个数,简化了机体结构的维护和修理。无人机上的各种设备和各种操作及控制都是电传控制,只需要电缆连接即可。无人机的结构设计完全可以根据需要采用组合式结构件插入式零部件的设计,便于飞机的维护和修理,提高飞机的可靠性,缩短发射(起飞)准备时间。

3. 空气动力外形特点

除无人作战飞机外,无人机易于采用大展弦比机翼,这样能产生较大的升力,有利于增大航程和延长续航时间。在长航时一类的无人机结构设计中,均采用大展弦比机翼(通常展弦比大于 5)构型,如"全球鹰"和"暗星"的展弦比分别达到了 25 和 14.83。大展弦比机翼具有大柔性的特点,而显著的结构柔性效应与无人机的气动弹性特性、结构稳定性、气动伺服弹性及突风响应等方面有着十分密切的关系。对于中小型无人机,结构的强度、刚度特性的校核应以分析计算为主,或辅以一些简易的地面试验进行校验。由于中小型无人机结构简单,使用方式和使用要求非常明确,结构调整和更改容易实现,所以,通常依靠经验及一些分析计算即可明确结构的强度、刚度特性。

4. 质量、强度和刚度特点

强度是指结构承受载荷时抵抗破坏的能力,刚度是指结构在载荷作用下抵抗变形的能力。在满足一定的强度、刚度和寿命的前提下,无人机的结构质量越轻越好。与有人飞机相比,无人机的强度设计准则和刚度设计准则均有所弱化,重点关注结构的抗坠毁性能、结构的疲劳强度特性及结构的使用寿命问题等。

无人机结构布局主要是确定全机结构受力形式及传力方案,其中最主要的是机翼和机身的总体布置形式。机翼和机身的结构布局形式主要有机翼翼盒穿过机身布局、机身加强框传递机翼载荷布局、机翼翼梁穿过机身布局、翼身外撑杆布局和翼身融合体布局五种。微型无人机通常是机翼机身整体成型,结构形式简单。

轻型无人机通常起飞质量较小,飞行速度较慢,飞机翼载荷较小。多采用上单翼总体气动布局形式(图 5.6),如国外的 Searcher、Pioneer、Heron、Scout、Mirach、Shadow 和国内的 ASN105、ASN206、ASN-7 等。针对上单翼气动布局,无人机结构布局采用机翼翼盒穿过机身布局。左、右机翼为一整体,机翼主受力盒整体贯通穿过机身。这种布局将结构总体的最主要载荷——机翼弯矩直接在机翼上平衡,而机身仅承受和平衡机翼传来的剪力与扭矩。这种结构布局对上单翼飞机来说具有传力直接、翼身设计分离面少、结构效率高的特点,是轻型无人机较为普遍采用的布局形式。

图 5.6　机翼翼盒穿过机身布局

四、无人机载荷特点

无人机的载荷分为外载荷和内载荷。内载荷主要是指无人机结构的内力,如弯矩、剪力、扭矩等。它是无人机承受并传递外载荷的主要途径。

按外载荷的性质来分,可分为集中力、表面力、体积力。集中力包括发动机推力、助推起飞的火箭推力及伞降回收时主伞绳传递到机身上的力等。表面力主要是作用于无人机机翼、尾翼、机身和各操纵面上的气动力。体积力包括无人机重量和惯性力。

从无人机的使用过程来看,无人机的外载荷可分为起飞时的外载荷、飞行时的外载荷、回收时的外载荷、地面使用与维护时的外载荷及运输时的外载荷。

无人机的起飞与回收方式很多。起飞方式包括滑轨式发射起飞、跑车滑跑起飞、起落架滑跑起飞、母机携带空中投放起飞、容器发射装置发射起飞、垂直起飞、手抛起飞等。回收方式包括降落伞回收、中空回收、起落架滑跑着陆回收、拦截网回收、气囊减震着陆回收及垂直着陆回收等。对不同的起飞与回收方式,无人机起飞与着陆时的外载荷有很大的不同。无人机空中飞行时的外载荷可以简单分为机动飞行载荷、突风载荷和投放载荷等。

从外载荷对无人机结构受力时不同性质的影响来看,无人机的外载荷又可分为静载荷和动载荷。静载荷过大一般会导致无人机结构发生破坏,动载荷过大会导致无人机结构发生疲劳。

在无人机使用过程中,有两个比较重要的术语,一个是过载系数,另一个是翼载荷。前者影响无人机的结构使用寿命,后者影响无人机的飞行性能。

过载系数是指除重力外,作用在无人机某方向上的所有外力的合力与当时飞机重力的比值。平飞时升力与重力相等,过载系数为1。在机动过程或加速过程中,所受合力除了提供重力外,还要提供额外的加速度,因此一般过载系数大于1。无人机过载系数与使用寿命密切相关。一般普通通用航空飞机最大过载系数为2.5~3.8,最小过载系数为-1~-1.5。无特殊机动要求的无人机过载系数范围与此相近。超过该过载系数,则结构强度无法达到要求导致无人机损坏。

翼载荷是指无人机起飞重量与翼面积的比值。无人机的机身和机翼承受载荷与飞机速度有关,速度越高,机身和机翼承受的载荷越大,对材料强度的要求越高,所以无人机材料选择的决定性因素也是速度。表5.1所示为典型无人机翼载荷。

表 5.1 典型无人机翼载荷

无人机机型	起飞重量/kg	翼面积/m²	翼载荷/(kg/m²)
全球鹰	10394	50.17	207.2
长空-1	2060	8.55	240.9
捕食者	850	11.45	74.2
徘徊者	250	3.41	73.3
ASN-104	140	1.85	75.6
开拓者	218	2.4	90.8
赫尔墨斯	450	6.9	65.2
搜索者	240	4.427	54.2

　　对于航模级别的微型和轻型无人机,翼载荷一般在 $20kg/m^2$ 以下,普通固定翼模型无人机一般为 $3.5\sim10kg/m^2$。对于以活塞发动机为动力的低速无人机来说,翼载荷一般为 $20\sim100kg/m^2$。随着飞行速度的增大,翼载荷也相应增大;对于采用涡喷或涡扇发动机为动力的高速无人机,翼载荷一般为 $150\sim500kg/m^2$。

第二节　固定翼无人机平台典型结构

一、结构总体布局

　　固定翼无人机结构形式简单、效率高、续航时间长、飞行半径大、巡航速度快、载重能力强,但缺点是不能悬停。固定翼无人机常见的总体布局形式为正常式、鸭式、无尾式及三翼面式。这些布局主要对无人机的气动性能影响较大。结构总体布局也涉及机翼、尾翼、机身、起落架等结构安排,主要满足装载和使用维护等要求。

　　无人机总体结构布局主要是合理确定全机结构受力形式及传力方案,其中最主要的是机翼和机身的总体布置形式,根据机翼相对机身的垂直位置的不同,可将无人机分为上单翼、中单翼和下单翼三种总体布局形式。虽然总体布局形式主要基于气动方面的考虑,但在结构方面也有其典型特点,具体如下。

1. 上单翼结构布置的特点

　　机翼翼盒可以贯穿机身,机翼的升力引起的弯矩自身可以平衡,这样机身不承受任何弯矩,只承受机翼通过接头传来的剪力和扭矩,减轻了无人机的结构重量。由于机翼的位置高,无法安装起落架,起落架只能装到机身上。上单翼结构形式简单,对机身不形成干涉,任务载荷装载方便,是无人机常用的结构布置形式。图 5.7 所示为上单翼结构布局形式,但是机翼在翼根处设置有分离面。机身隔框与机翼中央翼盒成为一体,通过外翼主梁和后缘销钉与机身上中央翼盒连接。

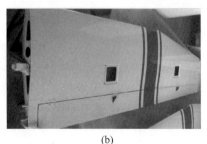

(a)　　　　　　　　　　　　　　　　(b)

图 5.7　上单翼结构布局

　　上单翼结构还有一种典型的布局形式,即外撑杆式布局。这种布局在机翼与机身之间布置撑杆,使机翼上的弯矩卸载,降低机翼弯矩,从而可以减轻机翼梁的重量。机身结构通过机翼接头与撑杆接头传递机翼的弯矩、扭矩和剪力,受力合理,如图 5.7 所示。

2. 中单翼结构布置的特点

　　中单翼机翼翼梁可以贯穿机身,外翼弯矩和扭矩均通过接头传递到翼根梁和加强翼肋,但这种安排会影响机身内部装载的布置。中单翼布局也采用环形加强隔框来传递机翼的载荷,或采用折梁、修形的方式穿过机身,这样不会影响机身内部装载,但可能会增加机翼的结构重量。这种结构布局形式在小型无人机中不常用,主要应用在高速无人机上。

3. 下单翼结构布置的特点

下单翼结构布置的特点同上单翼一样,机翼翼盒可以贯穿机身(图 5.8)。下单翼有利于起落架的设计。

图 5.8 "捕食者"下单翼布局

除了这种总体布局形式外,也可以将其划分为以下五种典型的机翼、机身连接形式。其典型特点在上、中、下单翼布局中已经讲述。

(1)机翼翼盒穿过机身布局。主要用于上单翼和下单翼布局无人机,是小型无人机较为普遍采用的布局形式。

(2)机身加强框传递机翼载荷布局。主要用于中单翼无人机,应用较少。

(3)机翼翼梁穿过机身布局。主要应用中单翼无人机。

(4)翼身外撑杆布局。主要用于上单翼无人机。

(5)翼身融合体布局。机身结构形式融合了传统机身和机翼的结构布局形式。

二、机身结构

机身在整个机体结构中主要起两种作用:一是连接作用,把机翼、尾翼、起落架等部件连接在一起,形成一架完整的无人机;二是装载作用,装载动力装置、电子设备和任务载荷等。机身产生的升力较小(机翼翼身融合体除外),机身结构应保证加工性好、阻力小。

机身一般分为前、中、后机身三部分,前机身搭载电子设备、动力系统等(前置动力系统);中机身是主承力部位,搭载任务载荷,与机翼连接,油箱或电池也在中机身;后机身主要装载动力系统(后置动力系统),连接尾翼等。

机身结构主要由蒙皮和骨架组成,骨架组成元件包括横向元件(普通隔框、加强隔框)和纵向元件(加筋条、长桁、桁梁、梁)。它们的主要功能如下。

1. 蒙皮

蒙皮主要承受外部气动力,在内部承受剪力和扭矩,并将分布内力传递给机身骨架(图 5.9)。

2. 纵向骨架

纵向骨架主要由加筋条、桁条、桁梁(图 5.10)和梁组成。梁是主要的纵向弯矩和轴向力承力构件,也常用于机身开口处的加强承力构件。桁条截面积最小,其次是桁梁,截面积最大的是梁,承受大部分弯矩和轴向力。

图 5.9 蒙皮(机身侧板)

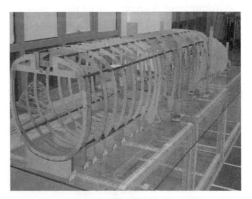

图 5.10 纵向骨架——桁梁

3. 横向骨架

横向骨架主要由普通隔框和加强隔框组成。普通隔框主要用于维持机身的剖面形状,承受蒙皮的局部载荷。加强隔框主要布置在连接部位和集中承载部位,用于传递机翼、尾翼的集中力和集中装载载荷,通过连接件以剪流形式将力分散传递给机身蒙皮。图 5.11 所示为普通隔框与加强隔框。

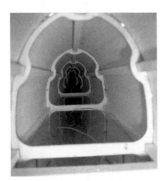

(a) 普通隔框

(b) 加强隔框

图 5.11 隔框

(1) 机身的典型结构形式

机身的典型结构形式分为三种,主要差别是受弯曲引起的轴向力的构件不同,分别为硬壳式机身结构、桁条式机身结构、桁梁式机身结构。下面介绍这三种形式的特点。

① 硬壳式机身结构。该结构的无人机由蒙皮和少数隔框组成,没有纵向构件,蒙皮较厚。

硬壳式机身结构形式的主要承力特点:厚蒙皮承受机身总体弯、剪、扭引起的全部轴力和剪力。其优点是扭刚度大;缺点是机身相对载荷小,因而蒙皮材料利用率低且开口补强增重较大,可维护性差。由于复合材料整体成型技术的发展,机身一般采用玻璃钢整体铸模而成,硬壳式机身在微型无人机中有一定应用。

② 桁条式机身结构。纵向构件由长桁构成,长桁较密、较强,蒙皮较厚。

桁条式机身结构形式的主要承力特点:剪力和扭矩引起的剪流全部由蒙皮承担,弯曲引起的轴向力将由许多桁条与较厚的蒙皮组成的壁板承受。这种机身结构介于硬壳式机身和桁梁式机身之间,应用较少。

③ 桁梁式机身结构。纵向构件中有几根桁梁,桁梁的截面积很大,长桁的数量较少且较弱,甚至可以不连续,蒙皮较薄。

桁梁式机身结构形式的主要承力特点:剪力和扭矩引起的剪流全部由蒙皮承担,弯曲引起的轴向力主要由桁梁承受,蒙皮与长桁只承受很小部分的轴力。其优点是在机身上布置大开口不会显著降低机身的强度和刚度,开口补强引起的重量增加较少。在无人机机身结构中应用广泛。适合开口较多、维护性较高的机身结构,在小型和大型无人机中应用广泛。图 5.12 所示为桁梁式机身和硬壳式机身。桁条式和桁梁式机身统称为半硬壳式机身。

(a) 桁梁式机身　　　　　　(b) 硬壳式机身

图 5.12　机身结构

(2) 根据机身横截面形状划分机身

相对于有人飞机,无人机的机身截面形状更为丰富多样,根据机身的横截面形状,将机身划分为以下四种。

① 圆形剖面。由一个完整的圆构成。优点是受力特性好,结构轻,易于加工,生产成本低。缺点是空间有效利用率低。

② 多圆剖面。由多段圆弧和与其相协调的光滑过渡曲线组成。优点是空间能够得到充分利用,适合于直径较小的无人机。缺点是加工性能不如圆形剖面好,生产成本较高。多采用复合材料整体成型工艺。

③ 弧形机身。翼身融合体布局无人机中机身截面为多段弧形,保证气动干扰阻力最小。这种布局形式空间利用率较低。加工困难,多采用复合材料整体成型工艺。

④ 矩形机身。在微型和轻型无人机中应用较多。机身材质多采用木质结构或硬质泡沫等材料。加工简单,便于小批量生产。

三、机翼结构

机翼作为无人机的主要气动面,承受大部分气动载荷,并传递给机身。机翼连接在机身上,其主要作用是:产生无人机飞行所需的升力,保证无人机的飞行性能;保证飞机横向稳定性、操纵性以及起飞增升、着陆增阻效能；安装起落架、发动机等。

（一）机翼结构元件

机翼结构元件包括纵向元件、横向元件和蒙皮。其中纵向元件有翼梁、纵墙和桁条。横向元件有普通翼肋和加强翼肋。其中，纵向元件和横向元件组成内部结构骨架。图 5.13 所示为一种翼面结构。不同的结构元件有不同的功用，具体介绍如下。

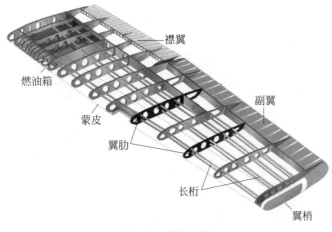

图 5.13　翼面结构

1. 蒙皮

蒙皮形成流线型的机翼外表面，将作用在机翼上的分布式气动力传递给骨架，同时还可承受部分弯矩和扭矩。

为了保证表面光滑度，蒙皮应有足够的横向弯曲刚度。蒙皮可以和桁条组成整体式壁板承受正应力，此外还有夹芯蒙皮。

2. 翼肋

普通翼肋形成机翼剖面所需的形状，它与长桁、蒙皮相连，并以自身平面内的刚度给长桁、蒙皮提供垂直方向的支持。图 5.14 所示为制作好的翼肋。

图 5.14　翼肋

加强翼肋除了普通翼肋的功能外，主要用来承受自身平面内的集中载荷以及结构不连续（如大开口）引起的附加剪流。

3. 翼梁

承受剪力和弯矩,单纯的纵向受力件。由腹板和缘条组成,翼梁大多数在根部与机身固接。

4. 纵墙和腹板

承剪力与蒙皮组成封闭盒段承受扭矩,支撑蒙皮,后墙还有封闭机翼内部空间的作用,但是均不能承受弯矩。纵墙的缘条比梁缘条弱得多,强于一般桁条,与机身的连接为铰接。腹板可以没有缘条,如图 5.15 所示。

图 5.15　腹板

5. 长桁

长桁比梁截面积小,承受轴向载荷,长桁和翼肋一起对蒙皮起支撑作用。在受载较小的无人机中使用。

(二) 机翼结构形式

机翼的典型结构形式有梁式(包括单梁、双梁、多梁)、单块式、多腹板式和混合式。每种结构形式特点如下。

1. 梁式

梁式的主要结构特点：纵向有很强的翼梁,蒙皮较薄,长桁较弱,梁的缘条剖面与长桁剖面相比大很多。梁式与机身的连接形式为多点接头式。梁式机翼通常做成两个半机翼。常在机身两侧有分离面,在此分离面处借助几个对接接头与机身连接。

梁式的优点是结构简单,蒙皮上大开口方便,开口对结构承弯能力影响很小,连接简单,对接点少。梁式的缺点是蒙皮未能发挥承弯作用,蒙皮材料利用不充分；薄蒙皮易失稳,影响气流质量。无人机中梁式布局的机翼形式最为普遍,主要有单梁式和双梁式。

2. 单块式

单块式主要结构特点：长桁较多、较强,蒙皮较厚,翼肋较密。梁缘条剖面面积一般与长桁剖面面积接近或略大。有时只布置纵墙而不采用缘条面积较大的翼梁。与机身的连接形式为整体贯穿机身。整个机翼通过多个接头与机身隔框相连。

单块式的优点是气动载荷作用下蒙皮变形较小。材料向外缘分散,抗弯、抗扭强度及刚度均有所提高,安全可靠性好；缺点是结构复杂,对开口敏感,较少开口,与机身连接复杂。在低速无人机中很少使用,高速无人机中有一定应用。

3. 多腹板式（多墙式）

多腹板式（多墙式）主要结构特点：机翼布置较多纵墙（一般多于 5 个，有的多达 10 余个），蒙皮较厚，无长桁，翼肋很少。厚蒙皮单独承受全部弯矩。与机身的连接形式一般在根部过渡成多梁式结构，然后与机身相连。

多腹板式（多墙式）的优点是局部刚度及总体刚度大，破损安全特性好；缺点是不宜大开口，与机身连接点多。在低速无人机中应用较少。

4. 混合式

混合式介于梁式、单块式、多腹板式之间的机翼结构形式。例如，多腹板式机翼中墙的缘条也比较强，结构介于多腹板式和多梁式之间。

总体而言，在低速无人机中，梁式机翼结构形式应用较多。在高速无人机中，以梁式机翼、单块式和多腹板式结构为主。

四、尾翼结构

无人机的尾翼是安装在无人机后部起稳定和操纵作用的装置。尾翼包括平尾（水平安定面和升降舵）和垂尾（垂直安定面和方向舵）。

平尾及其操纵面可以提供气动力，产生力矩，使飞机获得绕 Y 轴的俯仰平衡、稳定性和操纵性。

垂尾及其操纵面可以提供气动力，产生力矩，使飞机获得绕 Z 轴的航向平衡、稳定性和操纵性。

尾翼与机翼同属翼面结构形式。其采用的结构形式类型基本与机翼相同。主要区别有：安定面无大开口，其构造可以由翼梁、翼肋和带长桁的壁板（或整体壁板）组成单块式翼盒结构，或多梁式翼盒结构。水平安定面可以采用分段固定或贯穿机身的方式连接。垂直安定面一般都与机身固定连接。

另外，尾翼有多种布局形式，如垂尾与平尾分别与机身连接、T 形尾翼、全动平尾、V 形尾翼（图 5.16）等，结构具体形式都有其特殊性。垂尾与平尾单独连接时，垂尾承受的气动载荷很小，结构形式也较简单，一般采用长桁翼肋式布局。

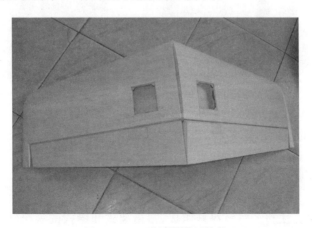

图 5.16　V 形尾翼翼面结构

T 形尾翼布局时,平尾安装在垂尾顶部,此时垂尾要承受平尾传递过来的气动载荷,需要较大的支持刚度。全动平尾一般可以采用动轴式转轴安装或定轴式转轴安装,具体取决于转动轴承安装在后机身处还是平尾上,对轴承处支持刚度有一定要求。

五、起降系统

无人机的起降系统要求无人机能够在合适条件下实现起飞和着陆。同时起降系统要在起飞、着陆过程中能吸收一定的能量,确保机体结构及载荷设备的安全。

根据使用环境不同,无人机起降系统的种类包括手抛式起飞、火箭助推起飞、滑橇式起飞、滑轨弹射器、小车式起飞、空中带飞、轮式起降等。其中,火箭助推起飞、滑轨弹射器、小车起飞和空中带飞的起飞方式由于没有降落装置,在回收时需要采用伞降式回收。手抛式起飞一般采用自主滑翔降落的方式。图 5.17～图 5.20 所示为无人机的几种起降方式和起降系统。

图 5.17　滑轨弹射器

图 5.18　小车式起落架

图 5.19　滑橇式起落架

图 5.20　轮式起降系统

轮式起降系统的结构形式主要有三种。

(1) 桁架式,由空间桁架结构和机轮组成,质量最轻。

(2) 梁架式(或梁式),由受力支柱、减振器、扭力臂、机轮和制动系统等组成,梁(即支柱或减振支柱)是主要受力构件。

(3) 混合式,由支柱和多根斜撑杆组成,是桁架式和梁式的混合结构。其中,梁式起落架在轮式无人机起降方式中最为普遍。

梁式起落架又可分为以下几种。

（1）简单支柱式,减振支柱是主要构件,支柱可简化为悬臂梁,这种方式在微型无人机上应用最为广泛。

（2）撑杆支柱式,减振支柱为双支点梁,根部弯矩大大减少,撑杆只受拉压载荷,这种方式在微型和轻型无人机上应用也较多。

（3）摇臂支柱式,在支柱下端装有一个摇臂。

（4）外伸式,一般安装在机身上,起落架外伸以增加轮距,收起时置于机身内。

第三节　无人直升机典型结构

无人直升机相较于有人直升机,在结构形式上有一定简化。无人直升机主要的结构部件与直升机相同,主要的结构部件有旋翼、桨毂、传动系统、机身、尾桨,如图 5.21 所示。

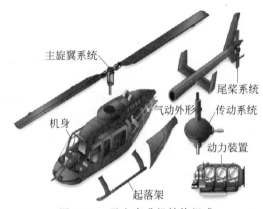

图 5.21　无人直升机结构组成

无人直升机结构部件的材料主要有木材、碳纤维复合材料、玻璃钢、高强度塑料、尼龙、铝合金等金属件。其主要部件的材料如下。

（1）旋翼和尾桨桨叶:小载荷旋翼桨叶主要采用木材或高强度塑料制造。大载荷旋翼桨叶一般采用碳纤维复合材料或金属材料制作,具有较高的强度和整体刚度。图 5.22 所示为几种材料的桨叶。

(a) 复合材料桨叶　　　　　　　　　　　　(b) 木质桨叶

图 5.22　不同材料的桨叶

（2）旋翼桨毂:旋翼桨毂是连接旋翼轴和桨叶的关键部件,一般采用金属材料。

（3）机身:无人直升机机身一般采用碳纤维复合材料或玻璃纤维复合材料作为主承力件和外形构件。

（4）传动系统：金属材料制作连接部件和旋转部件。

一、直升机布局形式

直升机是第一种可以垂直起降的飞行器，同时也是最有效的可悬停的飞行器。升力、前进力、操纵完全由旋翼系统来实现，属于低速飞行器。

直升机大致有单旋翼直升机、双桨纵列式、共轴反桨式、双桨横列式四种，如图5.23所示。

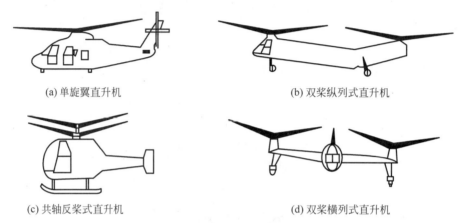

(a) 单旋翼直升机　　　　　　　　　　(b) 双桨纵列式直升机

(c) 共轴反桨式直升机　　　　　　　　(d) 双桨横列式直升机

图 5.23　直升机布局形式

（1）单旋翼直升机。这是最常见的直升机，只有一个主旋翼轴系统。另外，在机身后部与主旋翼不同平面内安装一尾桨系统，用于平衡因主旋翼转动引起的反扭矩，同时尾桨还可以用于实现直升机的方向操纵。

（2）双桨纵列式直升机。这种直升机具有两个主旋翼轴，分别安装在机身的前端和后端，两个旋翼轴的叶片转动方向相反，其反扭矩互相抵消。

（3）共轴反桨式直升机。两个主旋翼上、下安装在同一个主轴上，由一台或两台发动机驱动。两个主旋翼转动方向相反，可以互相抵消反扭矩，使机身不随旋翼转动。

（4）双桨横列式直升机。同样有两个主旋翼轴，安装在机身两侧，两旋翼转动不一定互相啮合，且带一定角度。

其中单旋翼直升机是最常见的直升机，它的主要优点是设计和制造简单，只需一套操纵系统和减速传动系统，但需要安装尾桨来平衡主旋翼产生的反扭矩，且尾桨还要消耗一定的功率（通常悬停时占8%～10%、平飞时占3%～4%）。

由于共轴反桨式直升机两个主旋翼转动方向相反，可以互相平衡反扭矩。另外，由于采用的是两个主旋翼，从而减小了主旋翼桨叶尺寸；缺点是结构和操纵变得相当复杂，从而使重量增加。

在无人直升机中，较常见的布局形式是单旋翼式和共轴反桨式。

二、直升机桨毂结构

有人直升机根据桨毂结构主要分为四代，即有铰接式旋翼、无铰式旋翼、无轴承式旋翼和跷跷板式旋翼。目前,小型无人直升机上,桨毂结构主要是跷跷板式旋翼桨毂结构和铰接式旋翼桨毂结构,并且旋翼铰经过一定程度的简化。

　　轻型无人直升机和第一代有人直升机采用全铰接式桨毂,其典型的模型如图 5.24 所示。对于这类旋翼,桨叶的刚体运动通过挥舞铰 β、摆振铰 ζ 和变距铰 θ 来描述。之后出现了图 5.25 所示的跷跷板式旋翼,并在贝尔和其他一些直升机公司得到了广泛的使用。这种旋翼也有挥舞铰,且其两片桨叶的挥舞铰大小相等、方向相反,即 $\beta_1 = -\beta_2$。跷跷板式旋翼主要用于载重较大的无人直升机。

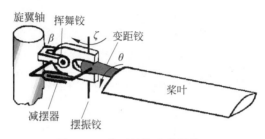

图 5.24　典型铰接式旋翼模型

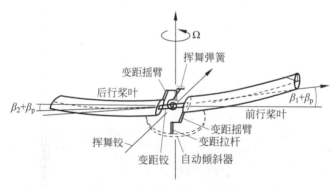

图 5.25　典型跷跷板式旋翼模型

　　无铰式旋翼没有挥舞铰和摆振铰,但仍然保留了变距铰,如图 5.26 所示。与此同时,也出现了取消挥舞铰的无轴承式旋翼,如图 5.27 所示。该构型依靠根部的柔性梁来承担桨叶的挥舞、摆振和变距运动,但由于其技术复杂且有很多动力学问题,直到 20 世纪 90 年代才真正应用到直升机上。目前,无轴承式旋翼在无人直升机上尚未应用。

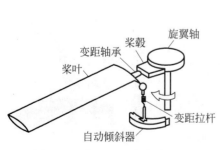

图 5.26　典型无铰式旋翼模型

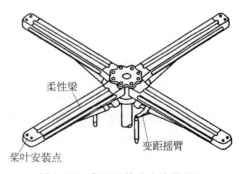

图 5.27　典型无轴承式旋翼模型

　　近年来,使用三轴陀螺仪测量无人直升机姿态信号,通过增稳系统驱动舵机,直接控制旋翼桨距的旋翼系统,实现自主飞行,是跷跷板式旋翼桨毂的主要操纵方式。

　　跷跷板式旋翼桨毂结构如图 5.28 所示。

图 5.28　跷跷板式旋翼桨毂结构

　　图 5.28 所示为旋翼头依靠 T 形主旋翼固定座连接主轴,横穿主旋翼固定座内部的横轴实现旋翼的变距铰功能,并承受旋翼的离心力。旋翼叶片安装于两端的主旋翼夹座,由一根竖直方向的螺栓固定,作为摆振铰的轴。横轴通过两个深沟球轴承和一个轴向推力轴承支撑主旋翼夹座,并用一个螺栓锁止。倾斜盘的倾斜通过连杆驱动主旋翼夹座上的摇臂实现旋翼的变距运动。主旋翼固定座的两端安装有橡胶等弹性材料制成的横轴垫圈来支撑横轴,飞行中由这两个横轴垫圈的变形来实现挥舞运动,而两片旋翼叶片则依靠横轴保持同轴,因此横轴就像跷跷板一样运动,如图 5.29 所示。

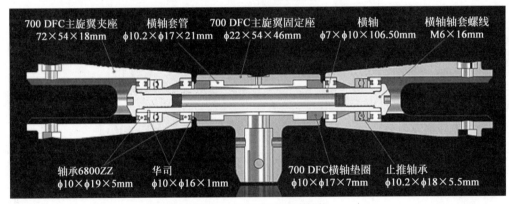

图 5.29　简易跷跷板式结构

　　图 5.30 所示为无人直升机的旋翼桨毂的铰接方式与有人直升机的很相似,因此结构也相对复杂,通常在实用中要对其进行简化。

　　如图 5.31 所示,简化的铰接式三桨叶桨毂与常见的双桨叶桨毂的结构类似,有三根分体式横轴,分别由一根销钉与主旋翼固定座铰接实现挥舞运动,再用一个弹性垫圈限制其角度;变距运动由主旋翼夹座以分体式横轴为轴心进行转动实现;旋翼桨叶由一根螺栓安装于主旋翼夹座,可做摆振运动。

图 5.30　无人直升机的四桨叶
旋翼桨毂

图 5.31　铰接式三桨叶桨毂

微型和轻型直升机的尾桨,由于没有周期变矩的需要,桨毂结构进一步简化,通常只需保留变距铰和摆振铰。

三、直升机桨叶结构

直升机桨叶平面形状一般采用矩形桨叶、混合梯形、梯形桨叶、翼尖后掠形或翼尖切削桨叶,如图 5.32 所示。平面形状主要由空气动力学性能决定。一般低速桨叶宜采用前三种构型,高速翼型宜采用翼尖后掠或翼尖切削形式。相比较而言,矩形桨叶空气动力性能不如梯形桨叶,但其加工方便、制作简单,在轻型无人直升机中得到了广泛应用。

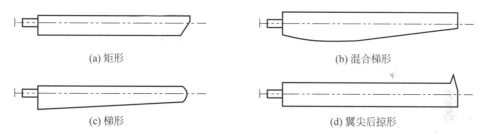

(a) 矩形　　　　　　　　　　　　　(b) 混合梯形

(c) 梯形　　　　　　　　　　　　　(d) 翼尖后掠形

图 5.32　桨叶平面形状

桨叶剖面形状取决于空气动力性能,与固定翼相同。但剖面结构形式与固定翼无人机有较大差异,主要是没有剖面翼肋。不同形状的剖面构型具有不同的特性。对于硬质塑料或木质桨叶,其剖面结构较为简单。复合材料桨叶的剖面结构经过设计,可以具有很好的刚度和强度特性。

复合材料的桨叶结构是由大梁、上下蒙皮、前缘包皮、后缘条、内腔泡沫填芯以及配重等构件组成。按照大梁形状来区分,复合材料桨叶可分别为 C 形梁、D 形梁和多腔梁。其中以 C 形梁桨叶结构在无人直升机中应用最为广泛。

C 形梁桨叶的特点:它的结构是由纤维单向带组成,能够提供 80% 左右的挥舞弯曲刚度,还提供 35% 左右的摆振弯曲刚度。微型和轻型无人直升机主要采用这种剖面结构。C 形梁单闭室桨叶的优点是它的结构简单、工艺性好,缺点是单闭式结构的扭转刚度较低,双闭室和三闭室剖面结构的 C 形梁桨叶在单闭式结构的前、后各增加一两个加强梁,既保留了 C 形梁的良好工艺性和承载能力,又提高了扭转刚度。典型 C 形梁结构剖面图如图 5.33 所示。

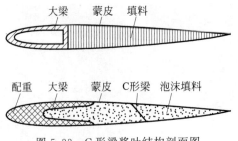

图 5.33　C 形梁桨叶结构剖面图

D 形梁的承载能力较大,且扭转刚度较高。其结构比较复杂,工艺性较差。金属梁采用钛合金制造,蒙皮一般采用二次胶接共固化成型,填芯块采用泡沫芯或蜂窝芯填芯。D 形梁主要用于重型直升机,在微型和轻型无人直升机中较少应用。

多腔梁是由多个大梁组成,保留 D 形梁的优点,通过多路传递载荷,提高损伤性能,安全性能好;但是结构复杂。多腔梁主要用于武装直升机和军用运输直升机,在微型和轻型无人机中较少使用。

课　后　题

一、选择题

1. 无人机的(　　)决定了机身所受载荷,也决定了机体材料的选择。

A. 重量　　　　　　B. 速度　　　　　　C. 爬升性能　　　D. 着陆性能

2. 主要用于消费级多旋翼或无人直升机的生产工艺为(　　)。

A. 机械加工　　　　　　　　　　B. 塑胶模具注塑生产

C. 复合材料模具生产　　　　　　D. 碳纤板材 CNC 切割组装

3. 固定翼无人机平台构型设计中,结构特点同上单翼一样,机翼翼盒可以贯穿机身且有利于起落架设计的结构为(　　)。

A. 上单翼结构　　　　　　　　　B. 中单翼结构

C. 下单翼结构　　　　　　　　　D. 鸭式布局

4. (　　)作为无人机的主要气动面,承受大部分气动载荷,并传递给机身。

A. 机翼　　　　　　B. 起落架　　　　　C. 螺旋桨　　　　D. 垂直尾翼

5. (　　)形成流线型的机翼外表面,将作用在机翼上的分布式气动力传递给骨架,同时还可承受部分弯矩和扭矩。

A. 蒙皮　　　　　　B. 翼肋　　　　　　C. 翼梁　　　　　D. 纵墙和腹板

二、思考题

1. 简述固定翼无人机的尾翼结构。

2. 列举无人直升机的布局形式。

第 六 章

垂直起降无人机

垂直起降(VTOL)无人机是近年来发展迅速的一类新型航空器,同时具备直升机的垂直起降能力与固定翼飞机的高速平飞能力,具有较好的经济和军事价值。

第一节 垂直起降无人机定义与发展

一、垂直起降无人机定义

垂直起落技术,顾名思义,就是无人机不需要滑跑就可以起飞和着陆的技术。垂直起降无人机(Vertical take-off and landing,VTOL)能够以零速度起飞/着陆,具备悬停能力,并能以固定翼的方式水平飞行。它是从 20 世纪 50 年代末期开始发展的一项航空技术。早期开发的试验机类型多种多样,包括尾坐式、倾转函道式、喷气流转向式、喷气升力发动机式等。图 6.1 所示为某型号垂直起降无人机。

二、垂直起降飞行器的发展

最早的固定翼垂直起降飞机出现在军事上,动力采用推力转向涡扇发动机。有资料显示,1957 年,英国原霍克飞机公司和布里斯托尔航空发动机公司(合并后的英国航宇公司)在法国工程师克尔·威布勒研究工作的基础上,开始研制 P.1127 垂直—短距起落攻击机。经过 10 年的失败和努力,终于在 1967 年正式命名为"鹞"(harrier)。图 6.2 所示为"鹞"式战斗机。经过后来的不断发展,"鹞"已经发展成为一个系列,包括早期"鹞"系列、"海鹞"系列和"鹞"Ⅱ系列。后来,俄国、美国相继推出用在军事上的固定翼涡扇垂直起降军机。最为著名的是美国洛克希德马丁公司研制的质量等值于黄金的 F-35B 型战斗机。

图 6.1　飞行中的垂直起降无人机

图 6.2　"鹞"式战斗机

　　1975 年,英国率先提出固定翼倾转旋翼垂直起降飞行器设想。在垂直起飞和降落时,机翼与地面为垂直状态,依靠螺旋桨产生的升力进行上升与下降,当飞行器上升到一定高度时,螺旋桨旋转 90°,变成与普通飞机一样的方式前进。美国"鱼鹰"运输机就是在军事领域唯一投入服役的倾转旋翼垂直起降的有人驾驶军机。图 6.3 所示为著名的"鱼鹰"运输机的起降和飞行中螺旋桨角度对比。

图 6.3　"鱼鹰"运输机起降及飞行中对比

　　目前,技术含量最高的垂直起降战斗机是美国的 F-35B 战斗机(图 6.4),该机依靠矢量喷管与涵道风扇结合完成垂直起降。以目前的技术实力,F-35B 战斗机的技术方案在国内短期是很难实现的。

图 6.4　F-35B 战斗机

中国在 20 世纪 60 年代末也曾试图研制垂直起降的战斗机,但是限于当时国内的技术水平、基础研究储备、发动机状况和工业实力,没有实现。

在垂直起降技术成功应用于有人驾驶飞机上后,许多无人机也开始采用垂直起降技术。得益于无人机不必考虑驾驶员的特点,垂直起降技术在无人机上应用得尤其灵活且富有创造性,许多奇特的设计方案不断涌现。

在民用领域,可查到的资料显示,英国 Aesir 公司于 2009 年 7 月 22—23 日,在英国彼得伯勒召开的欧洲无人机会议上推出了一系列新型垂直起降无人机。在不到 10 年的时间,具有垂直起降功能的旋翼无人机在全球全面开花,首当其冲的是在消费级领域。虽然旋翼无人机因为易于起降和操控受到普通消费者青睐,但并不能满足行业级客户的要求。

第二节　垂直起降无人机分类

在垂直起降技术应用之前,传统的无人机大多分为两类:一类是固定翼无人机,其速度快,任务半径大,虽然在军事方面实战效果斐然,但因不能垂直起降,而难以在军舰等对起降场地有限制的地方部署;另一类是旋翼无人机,可在狭小场地上灵活起降,并能在目标上空长时间悬停作业,但也表现出旋翼机的固有缺点,如飞行速度慢、任务半径小,这对于装备于海军的无人机而言是很大的弊端。

垂直起降无人机正是在对前两种无人机兼收并蓄的基础上发展起来的,它既可以在海军大多数舰上垂直起降,便于海军广泛装备;又可以快速飞抵目标上空,进行定点悬停作业。同时,航程大、续航时间长的优点又特别适合海军侦察及其他任务的需要。与有人驾驶的垂直起降飞机相比,无人机可以采用前者难以实现的总体方案(如尾坐式),布局可以更加简捷合理,起降方式更加灵活。此外,先进的飞行控制系统可以保证起降动作更精确、可靠,因而得到了迅速的发展。

一、推力定向类

常规的固定翼飞机和旋翼类无人机都属于推力定向类,区别是前者推力向前,后者向上。因旋翼类无人机主要涉及垂直飞行能力,故在此仅讨论后者。推力定向类飞行器主要有以下三种。

1. 常规无人直升机

常规无人直升机是典型传统直升机布局,单旋翼单尾桨,较固定翼无人机飞行速度低,航程近,但技术相对成熟,控制较简便,为大多数无人直升机所采用。比较典型的无人机是美国火力侦察兵无人机,如图 6.5 所示。

2. 共轴式无人直升机

共轴式无人机的最大特点是无尾桨,故发动机功率利用率高,结构紧凑,质量轻,停放空间小。此外,该类无人机的技术也较为成熟。图 6.6 所示为 F-500 共轴式无人直升机,该无人机由北京航空航天大学于 2016 年完成自主研发,2017 年成功首飞并完成飞行项目测试。F-500 拥有 10 个外挂点,其凭借优良的挂载动能,该机可在军用和民用范畴普遍使用,产品定位于战区战术侦察和目的监视,执行对地、对空作战,通信联络和中继转发,物资运输等任

图 6.5　火力侦察兵无人机

务。北京航空航天大学直升机研究所(陈铭教授团队)承接温州电力建设有限公司项目,在国内首次使用无人直升机在山区复杂环境下吊运重型塔架结构件飞行精准投放施工区域,开辟了无人直升机吊运飞行投放作业的先河,填补了国内该领域的空白。此次任务飞行验证了 F-500 共轴式无人直升机的载荷能力、抗风能力、可靠性和稳定性。F-500 吊运投放系统可负载投放 150kg 重物,投放前后机体姿态无变化。

图 6.6　F-500 共轴式无人直升机

3. 复合翼无人机

垂直起降的固定翼无人机又称为复合翼无人机(图 6.7),它在现有的固定翼平台上增加多旋翼动力部分,且加强机翼扭转强度即可。在控制方面的优势就是控制系统相对简单,最简单的情况下就是固定翼和多旋翼两套飞控切换就可以实现正常飞行。还有一个不太被关注的优势,就是前拉桨的效率。多旋翼桨和固定翼桨典型工作条件下的来流速度不同,因此设计时翼型和桨距也有很大区别,正常的工业级无人机都采用定距桨,多旋翼桨只能高效运转于多旋翼模态,固定翼桨用于多旋翼模态时的效率也很低,因此这种构型中,多旋翼桨只工作在多旋翼模态,固定翼桨只工作在固定翼模态,在桨的效率运用上有很大的优势。

图 6.7　复合翼无人机

二、推力换向类

推力换向是目前垂直起降无人机广泛采用的形式,起飞时推力向上,转入水平飞行时推力向前倾转,同时,由机翼承担部分或全部升力。因为翼面空气流速越低,气动效率越高,所以相同情况下,采用机翼获取升力的无人机比纯直升机具有更高的飞行效率,并由此得到更远的航程。目前常见的推力换向类无人机有以下两种。

1. 倾转旋翼式

倾转旋翼飞行器(图 6.8)在保证固定翼高速巡航的前提下,兼具旋翼飞行器的垂直起降能力,起降受场地限制较小,有很高的灵活性,在军事方面具有广阔的应用前景。倾转旋翼的设计概念提出时间很早,早在 20 世纪三四十年代就已经有倾转旋翼的设计方案。早期的设计方案一般是双旋翼类型的倾转旋翼,即在机翼两端安装旋翼系统,内部通过涡轮发动机来驱动旋翼系统,发动机部分可以绕着机翼轴转动,当处于垂直起降模式时,发动机向上,过渡到固定翼模式飞行时,发动机向前倾转,提供固定翼水平向前动力。

倾转旋翼式飞行器兼备直升机和固定翼飞机的优点为起降灵活,不受场地限制,航程远、速度快,被誉为 21 世纪最具潜力的飞行器。

图 6.8　倾转旋翼式飞行器

2. 尾坐式

尾坐式垂直起降无人机采用机尾坐式垂直起飞,达到一定高度后转入平飞。降落时先爬升并使机头向上,随后减小推力垂直降落。由于旋翼轴无须相对机身转动,推力相对于机体同步换向,尾坐式垂直起降方案具有结构简单的优势,受到各国军方高度重视。图6.9所示为一款尾坐式垂直起降无人机。

图 6.9　采用涵道式设计的尾坐式垂直起降无人机

课　后　题

1. 什么是推力换向类和推力定向类?
2. 简述尾坐式垂直起降无人机起飞过程。

第 七 章

多旋翼无人机

第一节　多旋翼无人机的概念及发展

一、多旋翼无人机概念

多旋翼无人机是一种近几年迅速发展起来的新型无人飞行器,它是一种由三个或者更多旋翼(主要以四、六、八旋翼数量为主)构成的垂直起降型飞行器,也称为多轴飞行器。区别于传统的直升机飞行器,多旋翼飞行器各个方向的运动都是由各个旋翼转速差别来完成的,具有非常简单的机械结构。

近几年,随着多旋翼飞行控制系统的逐步完善,多旋翼飞行器操作难度逐渐降低,飞行稳定性逐渐上升。特别是其机械结构相对简单,没有复杂的传动和控制设备,使其飞行可靠性大大提高。早期出现的多旋翼飞行器往往还是以玩具的形式出现在市场上,无法承担更多的实际应用,随着科技的进步和市场的成熟,多旋翼飞行器市场在 2013 年后迅速爆发。发展至今,多旋翼飞行器已经广泛应用在航拍、影视、农业、电力等各行各业,同时,也改变着人们的生活。

正因为如此本章在之前所讲的基础上更详细地介绍多旋翼无人机知识。

二、多旋翼无人机发展历程

在人类航空史上,多旋翼无人机从概念到应用,经历了一段漫长的发展过程,近年来,多旋翼无人机受到人们越来越多的关注和重视,掀起了一股研发和广泛应用多旋翼无人机的热潮。特别是属于消费级的微微型和微型无人机,其操作简单、价格便宜。现在,每天都有成千上万架多旋翼无人机在不同领域完成各种各样的任务。

当前,围绕多旋翼飞行器相关创意、技术、产品、应用和投资的新闻层出不穷,而随着产品的火爆,多旋翼技术的发展更为迅猛,已成为微小型无人机的主流。多旋翼为何在沉寂数十年之后迅速走红,在未来又有哪些新的发展趋势,本节将针对这些问题进行论述。

(一)早期的多旋翼飞行器

人类总是在不断探索中进步。18世纪后期蒙哥费尔热气球的成功升空,开创了人类飞行的新时代。1903年世界上第一架重于空气、有动力、可控飞机的诞生,拉开了人类近代航空发展史的序幕。1907年,法国Breguet兄弟制造了最早的四旋翼直升机,不过它只飞了几英尺高,且飞行稳定性很差,无法控制。1922年,美国人Dr. George de Bothezat试验了名为Flying Octopus的四旋翼飞行器,其最大飞行高度有5m,留空时间为2分45秒,但是该飞行器的稳定性依然不好,未能满足美国军方的要求。1956年,柯蒂斯—怀特公司为美国陆军设计了VZ-7四旋翼飞行器,并交付军方两架原型机。虽然这款飞机的飞行相对稳定,却依然没有达到军方对飞行高度和速度的要求,故该计划未进一步推进。此后50年,尽管通过世界各国科学家的不断探索,四旋翼直升机在技术上有了一些进步,但还是不能满足军事方面的要求。

从20世纪初到20世纪中期,直升机的发展进入探索期,包括多旋翼在内的各种试验性机型相继问世。最终,单旋翼带尾桨式直升机成为至今最流行的形式。到20世纪后期,传统构型的直升机技术问题基本解决,进入了航空实用期。其应用领域不断扩展,数量迅速增加。而多旋翼构型则被慢慢冷落。

此后十几年,有关多旋翼直升机的技术都未得到发展。究其原因,主要有三点:第一是系统本身不稳定,导致飞行员的负担太重;第二是发动机技术不能满足要求,油门反应速度慢;第三是其运动主要依赖于螺旋桨速度的及时改变,而这种方式不宜推广到大尺寸机型上。

(二)多旋翼无人机的兴起

20世纪90年代后期,电子科技迅速兴起,其制造和加工精度也大幅提高,这使多旋翼飞行器的研发有了良好的技术保障。

多旋翼飞行器的快速发展首先归功于自动控制理论、多旋翼动力学模型、非线性估计算法、非线性控制算法和MEMS微机电产品的发展,特别是20世纪90年代末重量只有几克的MEMS器件被大规模生产。多旋翼系统所需要的陀螺仪、加速度计、压力传感器、GPS模块等技术都进入了成熟期。其次是电池技术取得了较大突破。1991年索尼公司发布了首个商用锂离子电池,使电池的储能能力提升了两三倍,为多旋翼飞行器的兴起提供了动力支持。最后是得益于磁性材料、电子控制和生产工艺的进步,微电机产品向着大转矩、小尺寸、高控制精度、低功耗、长寿命和低成本的趋势转型,微小型电机进入了快速发展期。

综上所述,在20世纪90年代,小型多旋翼无人机所需要的技术均已走向成熟,这就是它在2000年后大热的原因。2005年,越来越多的科研人员开始研究多旋翼飞行器,并尝试搭建试验平台,研发和使用多旋翼无人机。2012年年初,大疆创新科技公司推出了"精灵"一体机。因其飞行控制简单,初学者很快就能上手,而且价格也能被普通消费者接受,一时间搭载GoPro运动相机拍摄极限运动成为年轻人竞相追逐的时尚潮流。至此,多旋翼飞行器在火爆的航模消费市场中完成了自己的逆袭。

（三）多旋翼无人机的主要特点

众所周知,传统直升机主旋翼的旋转力矩会使机身扭转。为了平衡这个力矩,直升机的尾部通常装有一个与主旋翼旋转方向相反的尾桨,而多旋翼飞行器的螺旋桨均匀分布在机体的四周并处于同一高度平面,且螺旋桨的结构和半径都相同。正是由于采用了这种对称式结构设计,因此各个螺旋桨之间的扭力矩相互抵消,为简化控制系统带来了便利。

多旋翼无人机可以完成复杂的空中飞行任务并搭载多种设备。它通常包含飞控导航系统、动力系统、飞行平台、地面站、任务系统和链路系统六部分。常见的多旋翼布局有四旋翼、六旋翼、八旋翼,也有超过十旋翼的。一般来说,旋翼数越多,能提供的升力越大。而且一旦某个旋翼发生故障,通过关闭对称方向上的旋翼,多旋翼无人机还能稳定飞行。然而旋翼数越多,飞行器上所需要的设备越多,结构越复杂,因此需要综合考虑。

多旋翼无人机的动力源主要是锂聚合物电池。与燃油发动机驱动相比,电机的机械噪声和震动小,但续航能力受到了一定的限制。此外,多旋翼无人机还有以下几个特点。

（1）可垂直起降、悬停、侧飞、倒飞,飞行稳定,易于编队、协作完成任务。

（2）体积小、重量轻、噪声小、隐蔽性好,适合多平台、多空间使用。

（3）冗余度高、安全性好,旋翼数大于 6 的多旋翼飞行器自身有容错功能,在旋翼单一或成对出现故障时仍能安全降落。

（4）桨叶多采用固定螺距,易于制造,飞行危险性小。

（5）整体结构简单,与传统主流直升机相比更易于维护,经济性较高。

第二节　多旋翼无人机的组成

多旋翼无人机主要由动力系统、主体、控制系统、其他辅助设备组成,另外还会根据实际任务需求搭载相关的设备,如航拍时会用到图传发射器和接收器（也称为 FPV 设备）,能够实时查看无人机拍到的画面。图 7.1 所示为多旋翼无人机组成示意图。

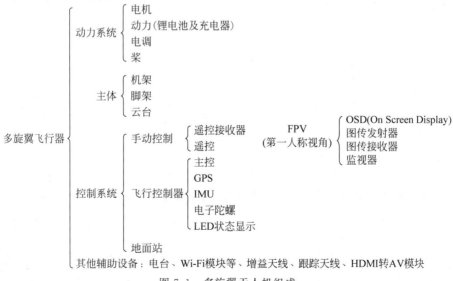

图 7.1　多旋翼无人机组成

一、动力系统

动力系统包含动力源、电机、电调和螺旋桨。

1. 动力源

动力源是为无人机提供飞行动力的部件,一般分为油动和电动两种,另外还有氢燃料动力。电动多旋翼无人机是最主流的机型,动力系统由电机、电调、电池三部分组成。无人机使用的电池一般都是高能量密度的锂聚合物电池(图7.2),由于一些客观原因,传统每300g锂电池,可以为500g(含电池)自重的无人机,提供17min飞行时间。氢燃料电池、太阳能电池等受制于现有的技术水平和成本,暂时还无法普及。无人机主要在露天作业,对电机、电调系统的稳定性要求较高,需要定期进行检查、保养、防水和防潮。

2. 电机

电机也称为马达,相当于人体中的四肢。电机一端固定在机臂的电机座上,另一端用来固定螺旋桨。电机将电能转化为机械能,带动螺旋桨旋转为无人机产生推力。

电机大致分为无刷电机(图7.3)和有刷电机,通常有刷电机是内部含有换相电刷的电机。四旋翼无人机大多采用无刷电机。无刷电机具有低干扰、低噪声、长寿命、低能耗、高效率的优点。微小型四旋翼一般使用空心杯电机,空心杯电机在结构上突破了传统电机的转子结构形式,采用的是无铁心转子,空心杯电机具有重量轻、体积小、能耗低、启动制动响应时间快的优点。值得注意的是,空心杯电机也分为无刷电机和有刷电机,一般选用无刷电机。

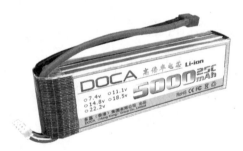

图7.2　锂聚合物电池

图7.3　无刷电机

3. 电调

电子调速器简称电调(图7.4),英文缩写是ESC,可以分为无刷电调与有刷电调。电调是一个控制电机转速的控制装置,它根据接收的信号,通过控制器和执行器来改变电能供电的大小,作用是将飞行板的控制信号转变为电流的大小,以控制电机的转速。因为是给电机调节速度的,所以电调也分为有刷电调和无刷电调,电调上的几根线连接电机、电池、飞控,输入端为两根线,接到电源的正、负极;输出端为三根线,接到电机上。信号线接到飞控上,来给飞控供电和接收命令,电调里常说的安培数,就是电流,比如30A的电调,就是适用于电流30A的无刷电机。

4. 螺旋桨

螺旋桨安装在电机上面,通过旋转将机械能转换为动能,提供足够的升力让四旋翼无人机起飞。四旋翼无人机为了抵消螺旋桨产生的反扭力,相隔的螺旋桨旋转方向是不一样的,

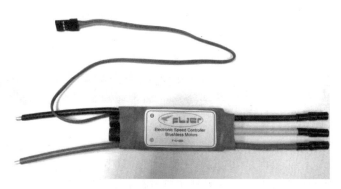

图 7.4 电调

所以分为正、反桨,正桨和反桨风都是向下吹。俯视时顺时针方向旋转的是反桨,逆时针方向旋转的为正桨。

二、主体

1. 机架

无人机的机架机身是指无人机的承载平台,一般选择高强度轻质材料制造,如玻璃纤维、ABS、PP、尼龙、改性塑料、改性 PC、树脂和铝合金等。无人机所有的设备都是安装在机架、机身上面,支架数量也决定了该无人机为几旋翼无人机。优秀的无人机机架设计可以让其他各个部件安装合理,坚固稳定,拆装方便。

2. 脚架

脚架也称起落架,是整个无人机系统中唯一一个能够全部支撑起整架无人机的部件,在起飞和降落时起到支撑和缓冲的作用。图 7.5 所示为可以电动收起的脚架。

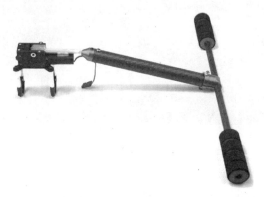

图 7.5 可以电动收起的脚架

3. 云台

无人机云台是无人机用于安装、固定摄像机等任务载荷的支撑设备。

云台控制系统主要是研究以单片机作为控制系统的主控芯片,结合各种传感器和执行机构而开发的云台专用控制系统。云台控制系统的控制功能主要包括以下两个方面:一是实现云台的自稳功能,也就是稳像功能;二是控制云台在空间方位的转动。若控制对象有可控部分,如相机的拍照和光圈的调节等,控制系统还应该对其有相应的控制功能。

云台就是两个直流电机组成的安装平台，可水平和垂直运动。但要注意区别于照相器材中的云台概念。照相器材的云台一般来说只是一个三脚架，只能通过手来调节方位，而无人机所搭载的云台是通过控制系统在远程可控制其转动及移动的方向，云台转动速度是衡量云台档次高低的重要指标。云台水平和垂直方向是由两个不同的电机驱动的，因此云台的转动速度也分为水平转速和垂直转速。由于载重的原因，垂直电机在启动和运行保持时的扭矩大于水平方向的扭矩，再加上实际监控时对水平转速的要求要高于垂直转速，因此，一般云台的垂直转速要低于水平转速。图 7.6 所示为无人机云台。

图 7.6　云台

三、控制系统

（一）飞控系统

飞控系统是无人机的飞行控制系统，不管是无人机自动保持飞行状态（如悬停）还是对无人机人为操作，都需要通过飞控系统对无人机动力系统进行实时调节。一些高阶的飞控系统除了保证飞机正常飞行导航功能外，还有安全冗余、飞行数据记录、飞行参数调整和自动飞行优化等功能。飞控系统是整个无人机的控制核心，主要包括飞行控制、加速计、气压计、传感器、陀螺仪、地磁仪、定位芯片和主控芯片等多个部件。图 7.7 所示为一块无人机飞控系统。

图 7.7　飞控控制系统

（二）遥控系统

无人机遥控系统主要由遥控器、接收器、解码器和伺服系统组成。遥控器是操作平台，接收器收到遥控器信号进行解码，分离出动作信号传输给伺服系统，伺服系统则根据信号做出相应的动作。

第三节　多旋翼无人机结构布局

多旋翼无人机常见的气动布局有 X 形、十字形、H 形，在旋翼数量上也可有四旋翼、八旋翼、十二旋翼等。

一、X 形布局

X 形布局是多旋翼无人机最基础、最常见的气动布局。X 形气动布局是在飞行器前进方向的等分角度(左前和右前距机头方向均为 45°,机尾反向的右后和左后距机尾方向均为 45°)放置相反方向的电机和螺旋桨来抵消电机转动时产生的反扭力,如图 7.8 所示。

图 7.8　X 形旋翼气动布局与电机转向示意图

二、十字形布局

十字形布局多旋翼气动结构是最早出现的一种多旋翼气动布局之一,如图 7.9 所示。这种布局很简单,只需要改变轴向上电机的转速,即可改变飞行器姿态,进而实现基础飞行。由于十字形机构正前方的螺旋桨会在航拍时进入画面(俗称"漏桨")造成不便,随着飞控的进化,逐渐被 X 形布局代替。

图 7.9　十字形旋翼气动布局与电机转向示意图

三、H 形布局

H 形布局(图 7.10)与 X 形布局相似,其优点在于通常设计为折叠结构,H 形结构同时拥有 X 形布局的优点,所以,很受用户青睐。但是 H 形结构的缺点也比较明显,要比同级别 X 形布局的无人机安装同样螺旋桨的飞机尺寸大,重量也重。

四、四旋翼无人机

四旋翼是一种结构简单、飞行效率较高的常见多旋翼结构,也是目前市场上保有量最多的多旋翼无人机类型,如图 7.11 所示。多旋翼玩具、小型航拍机一般都选用该结构。但是,四旋翼无人机没有动力冗余,在飞行中只要有一个电机停止转动,四旋翼无人机都会无法控制出现"炸机"。

图 7.10　H 形气动布局示意

图 7.11　四旋翼无人机

五、六旋翼无人机

理论上桨叶越大气动效率越高,从这个角度来看,中、大型多旋翼无人机应该采用四轴设计,但是四旋翼没有动力冗余,而六旋翼的设计可实现动力冗余,在飞行中一个电机停止转动仍然可以安全降落,所以,在中、大型无人机设计时多采用六轴结构,如图 7.12 所示。

图 7.12　六旋翼无人机

六、八旋翼无人机

在大型多旋翼无人机设计时,也可以采用更多旋翼数量的设计,如八旋翼(图 7.13)、十六旋翼等。

图 7.13　八旋翼无人机

第四节　多旋翼无人机飞行性能与飞行原理

一、多旋翼无人机飞行性能

多旋翼无人机目前多集中在工业级和消费级,尤其以消费级居多。它的主要的飞行性能也与其他两种无人机有显著不同。

1. 飞行速度

多旋翼无人机的飞行速度性能与固定翼无人机不同,主要是指最大垂直上升速度、最大垂直下降速度和最大水平飞行速度。飞行速度对竞速无人机、竞速航拍无人机有明显意义。但在普通消费级无人机中,该意义不大。目前,多旋翼无人机最大垂直上升速度和下降速度均在 5m/s 以内,最大水平飞行速度在 28m/s 以内。随着技术水平的提高,这些飞行速度均会有所提升,同时对飞控系统、动力系统等提出了更高的要求。

2. 续航时间

多旋翼无人机的续航时间定义与固定翼相同,具体见第五章第二节。续航时间是多旋翼无人机的主要技术壁垒之一。目前市场上消费级的多旋翼无人机多采用电动驱动装置,由锂电池供电。续航时间受限于电池的充放电能力。电动多旋翼无人机续航时间均在 0.5h 以内。这也是导致其进入工业应用的关键技术障碍。目前,在如何提高其工作时间(非续航时间)的问题上,主要有以下三种方案。

(1) 增加备用电池。采用快速充电的方式延长其工作时间,这是目前的主流方式,没有技术难度。但是电池快充后充放电效率下降很多,因此提高了无人机应用成本。

(2) 采用锂芯片技术。代替现有的锂电池快充模式。该技术目前还在探索中,尚未进入市场。

(3) 油电混动动力。这种方式需要增加多旋翼无人机体积和重量。目前尚无安全可靠的油电混动多旋翼无人机进入市场。

3. 悬停性能与定位性能

多旋翼无人机的悬停性能定义与无人直升机相同,具体见第五章第三节。悬停是旋翼无人机特有的飞行性能之一,它与定位性能一起作为衡量多旋翼飞行性能的一项指标。一般现有无人机采用 GPS 定位技术、超声波定位技术或基于双目视觉的定位技术。悬停精度受定位技术发展的限制。抗干扰性能一方面与定位技术相关,另一方面与飞控算法也有一定关系。目前较好的消费级多旋翼无人机水平定位精度为 1.5m,垂直定位精度为 0.5m。

4. 避障性能

避障性能是指多旋翼无人机发现、识别并躲避障碍物的能力。它是多旋翼无人机特有的飞行性能之一,也是其安全性能的重要指标。目前只有部分多旋翼无人机具备该性能,如大疆精灵 4Pro、零度多比等。该项性能的提出主要源于多旋翼无人机多数情况飞行高度较低(100m 以内),近地飞行时面临的地形环境复杂,有房屋建筑、树木、室内、行人等。避障性能的主要衡量指标为障碍物的大小、躲避障碍物的反应时间、反应距离与躲避维度。

二、多旋翼无人机操纵及控制原理

目前市场上普遍为无变距多旋翼无人机,其飞行原理与固定翼无人机和无人直升机原理不同,主要体现在以下两个方面。

(1)通过调节每个旋翼转速的大小,从而调节升力大小,实现升力的大小和方向发生变化。没有自动倾斜器就不能通过变距控制每片桨叶的攻角达到改变桨盘平面和升力的作用。

(2)通过交叉旋翼的旋转方向克服反扭力矩,而没有额外的尾桨消除主旋翼的反扭力矩。

多旋翼无人机的飞行原理:每个旋翼均由独立的电机驱动螺旋桨旋转,利用每个旋翼的转速和转向来控制螺旋桨的拉力和侧力的大小,通过计算多旋翼的合力大小和方向,实现多旋翼无人机的飞行。另外,由于具有多个旋翼(一般为偶数个旋翼),旋翼转动过程中由于空气阻力的作用,会形成与转动方向相反的反扭矩,为了克服反扭矩影响,可使四个旋翼中的两个正转、两个反转,且对角线上的各个旋翼转动方向相同。这样,可以保持多旋翼机身的稳定性,类似于无人直升机尾桨的作用。

多旋翼无人机主要的飞行模式与无人直升机类似,主要有垂直运动、侧向运动、前后运动、俯仰运动、滚转运动、偏航运动和悬停。

下面以四旋翼无人机来说明其飞行控制原理。

1. 垂直运动

图 7.14 所示为四旋翼无人机垂直运动状态下的飞行原理示意图。一般四旋翼飞行器四个螺旋桨依次按照顺时针方向安装、逆时针方向安装、顺时针方向安装、逆时针方向安装。由图 7.14 可知,电机 1 和电机 3 逆时针方向旋转,电机 2 和电机 4 顺时针方向旋转,四个电机带动螺旋桨产生向上升力的同时,转向相反的相邻电机平衡了机身的反扭矩。如果同时增加四个电机的输出功率,旋翼转速增加使得总拉力增大,当总拉力足以克服整机的重量时,四旋翼飞行器便离地垂直上升;反之,如果同时减小四个电机的输出功率,四旋翼飞行器则垂直下降,直至平稳落地。当外界扰动量为零时,在旋翼产生的升力等于飞行器的自重时,飞行器便保持悬停状态。

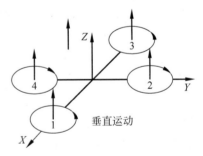

图 7.14 四旋翼无人机垂直运动状态下的飞行原理示意图

2. 俯仰运动

图 7.15 所示为四旋翼无人机俯仰运动状态下的飞行原理示意图。由图 7.15 可知,电机 1 和电机 3 沿逆时针方向旋转的同时,电机 2 和电机 4 沿顺时针方向旋转。如果保持电机 2 和电机 4 的转速不变,在提高电机 1 转速的同时降低电机 3 的转速(电机 1、电机 3 的转速改变量相等),那么由于旋翼 1 的升力上升且旋翼 3 的升力下降,便产生了绕 $-Y$ 轴方向的不平衡力矩使得机身绕 Y 轴旋转。

同理可知,如果保持电机 2 和电机 4 的转速不变,当电机 1 的转速下降且电机 3 的转速上升时,便产生了绕 $+Y$ 轴方向的不平衡力矩使得机身绕 Y 轴向另一个方向旋转。这样就实现了四旋翼无人机的俯仰运动。

3. 滚转运动

滚转运动又叫横滚运动,与图 7.15 的原理相同。在图 7.16 中,改变电机 2 和电机 4 的转速,保持电机 1 和电机 3 的转速不变,则可使机身绕 X 轴旋转(正向和反向),实现飞行器的滚转运动。

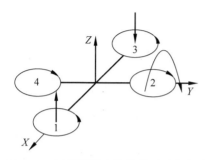
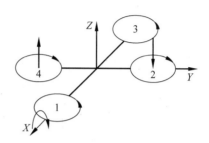

图 7.15　四旋翼无人机俯仰运动状态下的飞行原理示意图　　　图 7.16　四旋翼无人机滚转运动状态下的飞行原理示意图

4. 偏航运动

如前所述,四旋翼通过旋翼正转和反转交替安装的方式克服反扭力矩,使四旋翼无人机不发生转动。而当四个电机转速不完全相同时,不平衡的反扭矩会引起四旋翼无人机转动。偏航运动正是借助旋翼产生的反扭矩来实现的。图 7.17 所示为四旋翼无人机偏航运动状态下的飞行原理示意图。

由图 7.17 可知,当电机 1 和电机 3 的转速上升、电机 2 和电机 4 的转速下降时,旋翼 1 和旋翼 3 对机身的反扭矩大于旋翼 2 和旋翼 4 对机身的反扭矩,机身便在反扭矩的作用下绕 Z 轴转动,实现飞行器的偏航运动,且转向与电机 1、电机 3 的转向相反。

5. 前后运动

要想实现四旋翼无人机在水平面内前、后、左、右的运动,必须在水平面内对四旋翼无人机施加一定的力。

要实现无人机的侧飞、前飞或倒飞,不能按照无人直升机那样倾斜桨盘,只能通过倾斜机身整体方向,使多旋翼升力具有水平分量,从而实现其水平飞行。

图 7.18 所示为四旋翼无人机前后运动状态下的飞行原理示意图。

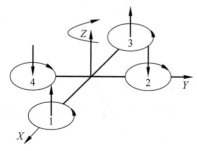
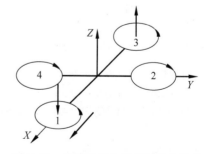

图 7.17　四旋翼无人机偏航运动状态下的飞行原理示意图　　　图 7.18　四旋翼无人机前后运动状态下的飞行原理示意图

　　由图 7.18 可知,保持电机 2 和电机 4 的转速不变以平衡反扭矩,同时增加电机 3 的转速使得螺旋桨产生的拉力增大,相应减小电机 1 转速使得螺旋桨产生的拉力减小,四旋翼无人机整体首先沿 X 轴方向发生一定程度的倾斜,从而使旋翼拉力产生水平分量,因此可以实现四旋翼无人机的前飞运动。四旋翼无人机向后飞行与向前飞行的情况正好相反,但飞行原理相近。

6. 侧向运动

　　图 7.19 所示为四旋翼无人机侧向运动状态下的飞行原理示意图。与四旋翼无人机前后运动状态的飞行原理相似,保持电机 1 和电机 3 的转速不变以平衡反扭矩,同时增加电机 4 的转速使得螺旋桨产生的拉力增大,相应减小电机 2 的转速使得螺旋桨产生的拉力减小,这时四旋翼无人机首先沿 Y 轴方向发生一定程度的倾斜,从而使旋翼拉力产生侧向分量,因此可以实现四旋翼无人机的侧向运动。

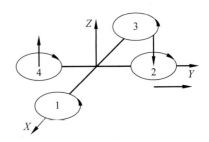

图 7.19　四旋翼无人机侧向运动状态下的飞行原理示意图

　　当然,微型多旋翼无人机在产生俯仰、翻滚运动的同时也会产生沿 X、Y 轴的水平运动。

　　除了四旋翼无人机外,还有六旋翼、八旋翼、十二旋翼等。一般旋翼越多,控制冗余度越大,并且一个电机损坏的情况下可以继续飞行。

　　多旋翼无人机具有垂直起降、空中悬停、低空飞行和原地回转等独特飞行技能,可广泛应用于国民经济建设的各个领域。它可搭载各种专业设备仪器,承担和完成各种危险、单调的工作,在恶劣环境下进行全天候作业。其应用范围极为广泛,主要包括(不限于)以下几个方面。

　　(1) 石油开发服务、输油管道检测和安全保护。

　　(2) 消防部门的火情侦察、监视、灭火、抢险、灾害救援。

　　(3) 林业部门的护林防火、播种和病虫害防治。

　　(4) 物流快递公司送货。

　　(5) 交通部门的道路交通检测、疏导与控制,海港的接送引航员服务。

　　(6) 电力部门的输电线路建设、巡查和维护。

　　(7) 新闻及电影拍摄的航空摄像及照相。

　　(8) 农牧业的农作物检测、喷洒农药、牧群检测与驱赶。

　　(9) 海岸警卫的海面搜寻、海岸巡逻、海界标检测。

　　(10) 环保部门的环境污染及土地状况监测。

　　(11) 海关与税收部门的非法走私监视、边界巡逻。

　　(12) 海洋渔业部门的渔业保护、海洋资源调查。

　　(13) 地方政府的大气参数采集与检测、分析,灾害普查、抢险和救援。

　　(14) 公安部门的反恐、失踪人员搜寻、落水人员救生、安全与突发事件监控、现场处理等。

　　(15) 普查机构的地理、地址、考古勘定。

　　(16) 河道管理部门的水路和水情检测、洪水与污染控制。

　　(17) 水务部门的水务及水管道检测、维护。

（18）实现载人化，搭乘旅客，作为便捷的交通运输工具等。

随着科技的进步和发展，未来的无人机会在更多的行业中得到广泛应用。

课　后　题

一、选择题

1. 下列不属于多旋翼无人机控制系统的部件是（　　）。

    A. 飞行控制器　　　　　　　　　　B. 遥控设备

    C. 地面站　　　　　　　　　　　　D. 电子调速器

2. 无人机系统中唯一一个能够全部支撑起整架无人机的部件是（　　）。

    A. 脚架　　　　　　B. 云台　　　　　　C. 机臂　　　　　　D. 机身

3. （　　）是旋翼无人机特有的飞行性能之一，它与定位性能一起作为衡量多旋翼飞行性能的一项指标。

    A. 载荷能力　　　　B. 航拍功能　　　　C. 操控简单　　　D. 悬停

4. 下图是多旋翼无人机的（　　）。

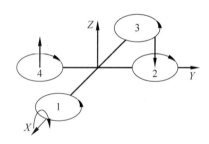

    A. 俯仰运动　　　　　B. 偏航运动　　　　C. 滚转运动　　　D. 垂直运动

5. 下图是多旋翼无人机的（　　）。

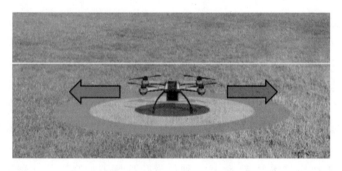

    A. 俯仰运动　　　　　B. 偏航运动　　　　C. 滚转运动　　　D. 垂直运动

二、思考题

1. 简述多旋翼无人机的飞行原理。

2. 多旋翼无人机是如何抵消反扭矩的？是如何改变飞行器飞行姿态的？

第 八 章

无人机的发展趋势

目前,无人机已经在军用和民用领域广泛应用,在民用方面的消费市场更是一片火爆,行业对专业人才的需求也日趋激烈,整体而言,智能化的小型无人设备会对我们未来的生产、生活产生进一步的影响,帮助人类推动社会变革。下面就来展望一下无人机的发展趋势,探讨一下无人机的未来。

第一节　军用无人机的未来

世界各主要航空强国都已经在积极验证、设计、生产、装备第五代战机,第五代战机具有超音速巡航、超机动性、超低的可探测性和超视距空战能力。在第五代战机尚未于全球全面应用之时,各国又纷纷开始了第六代战机的论证,理论上主流学者认为第六代战机的特征条件将具有:超五代隐形能力和超音速巡航能力;将装备主动式防御系统,如小型激光或投射拦截弹;雷达将采用有源相控阵列雷达或更先进技术;有高智能感应计算机;能连接卫星和大量僚机、地面战场系统协同作战;有控制多架无人机的空中小型指挥部能力。其在隐身战机的基础上强化了隐身能力,可挂载更多光电、航电装置;更加节约成本,同时采用智能控制技术、无人机协同等技术,将是一种信息化战场下的高性能武器平台。

对于第六代战机的具体指标,世界各国的科学家们进行了广泛的探索,主要方向有:更快的飞行速度(如马赫数5),主要集中于高超声速飞行器;更宽的隐身范围,宽频甚至全频全向隐身,主要集中于新一代高隐身战斗机;更好的传感器融合,以获得更加及时、准确和全面的态势感知能力;更好的自主飞行控制能力,体现为飞行控制系统更高的智能化水平,主要集中于无人机飞行器;更好的机载武器系统,如激光武器、动能武器、束能武器等,主要集中于无人飞行器;更大的飞行高度范围,如临近空间飞行器、空天一体飞行器等。

　　如果说第五代战机依靠的是强大的信息系统,到了第六代战机则要通过物联网实现较高的智能化,真正实现陆、海、空、电子信息、互联网络的全方位深度融合,此时的载人战机就会出现高度智能化的操作手段,既可以实现载人飞行,也可以实现不载人的飞行。也就是说,未来的第六代战机的高度智能化可能使得有人机和无人机界限变得模糊,如果是正常使用、训练、执行非战斗任务,甚至是低烈度的战斗可以使用载人模式;而在高强度战斗或者是在极端恶劣的环境下使用则可以切换到无人机模式,飞行员在基地的控制站里就可以更安全地控制飞机,不会损失有生力量,同时缓解了战场救援的压力及避免因为救援导致的再伤害或者损失扩大的情况。但不排除第六代战机可能就是单纯的无人机,不过未来的军用无人机发展依然是利用成熟技术进行开发和发展,第五代战机的技术也会在无人机领域展开应用。作为军方高空、长航时、执行长期任务可重复使用的无人机,应该说和有人机在技术层面上共享度更高,而作为单兵甚至是团级作战单位,在成本上就可以大大降低,不论是机体结构还是机载设备,只要能满足一线作战需要就可以。由于考虑到在一线战斗密度大、损失高的特点,降低成本的无人机可以协助前线部队更好地侦察敌情,联合指挥,信息传递,甚至是自杀式攻击等。

　　军用无人机在未来还可以灵巧化,作为第六代战机不可分离部分,在抵达战区前是与母机联系在一起的,在抵达战区后可以与母机分离,迅速突入敌方防线,由于其体积小,分离后不会造成母机气动损失(或者是隐藏在弹舱内),也不易被敌方发现,深入突进敌方空域的同时可以迅速执行情报侦察、态势感知、提前预警、信息传递、担当诱饵的任务,而母机始终在敌人防区之外无线电静默,尽可能避免暴露目标,在通过与释放的机载无人机进行单向或者双向数据链交换后,直接实现防区外投放,防区外打击,防区外任务达成的目标。机载无人机也可以实现自杀式攻击,以此最大限度地保护母机,机载无人机不仅可以单独行动,也可以和其他飞机上释放的机载无人机进行数据链的直连,构成更广的监视、预警和打击引导网络,从而让己方飞机在进入敌方防御圈外就实施攻击,还能对敌方目标实施信息封锁、电磁压制等。

　　旅/团级固定翼和旋翼战术无人机系统凭借着体积小、机动性好、价格低廉、使用简便且易于其他军事设备配套等优势,满足了现代军队的需求。而从目前的趋势来看,军用无人机未来的发展方向主要包括四个方面。

　　(1)从低空、短航时向高空、长航时发展。

　　(2)向隐身无人机方向发展。

　　(3)从实时战术侦察向空中预警方向发展。

　　(4)从空中侦察向空中格斗方向发展。

　　综合来看,在军用无人机领域,中国无论是在飞机列装的数量上,还是在技术水平上,距离美国等先进国家的差距越来越小。2018年5月17日举行的世界智能无人机产业发展论坛上,国防大学教授张召忠提到:中国的民用无人机在世界上处于领先水平,但在军用无人机的发展方面仍落后于美国。的确,从低空到高空、近程到远程、微型到重型,美军几乎涵盖了所有类型的军用无人机,甚至还包括垂直起降型无人机和运输用无人机,而中国现役军用无人机主要集中在高空、远程、重型的无人机,与美国军用无人机机谱系相比仍待完善。

　　但随着近年来我国军用无人机领域科研投入的增加,差距正在逐渐缩小。我国军用无人机以其技术先进且价格低廉的优势出口到了十几个国家,占据了非常大的市场,更是成为国际军火市场的明星武器。目前,我国共出口六种具备打击能力的军用无人机,包括 ASN-209、彩虹-3、彩虹-4、翼龙-1、翼龙-2、WJ-600。就军用无人机销量来看,中国"彩虹"无人机和"翼龙"无人机这两个察打一体无人攻击机系列最畅销,其中,2008—2017 年"彩虹"无人机系列累计销量 47 架,占总销量比例为 50%、"翼龙"无人机系列累计销量 21 架,占比 26%。未来我国军用无人机销量将只增不减。

美国在高端无人侦察机和武装型无人机领域具有巨大优势,其传感器和卫星等配套设备也具有全球领先的技术。我国军用无人机虽然起步晚,但发展较快。近年来,我国相继研发出数十种新一代军用无人机设计方案、模型及原型机,包括隐形无人机、机翼可折叠无人机、短距离起降的环翼无人机、微型无人机和飞翼式无人机等。与有人驾驶飞机相比,军用无人机具有体积小、重量轻、造价低、使用方便、零伤亡、使用限制少、隐蔽性好、性价比高等突出优点,使得军用无人机需求越来越大。2020 年,我国军用无人机产业规模约为 121 亿元。同时,随着我国军队新军事变革的推进,军队的核心将从原来的"规模效益型部队"转变为"质量效益型部队",作战人员的生命安全将更加受到重视。因此,军用无人机作为保证部队质量效益的新一代作战武器,无疑将越来越受到重视。

第二节　民用无人机的未来

从需求来看,由于无人机的经济性、安全性、易操作性,在很多民用领域对无人机都有着旺盛的需求,小型无人机可广泛应用于防灾减灾、搜索营救、核辐射探测、交通监管、资源勘探、国土资源监测、边防巡逻、森林防火、气象探测、农作物估产、管道巡检等领域。由于小型无人机的航空特性和大面积巡查的特点,在洪水、旱情、地震、森林大火等自然灾害实时监测和评估方面具备优势。借鉴美国对民用无人机监管逐步放松的历程,以及国内民用无人机政策的规范和低空空域改革的深化,我国民用无人机行业将呈现爆发式增长,预计未来 10 年,我国民用无人机市场总规模将超过 300 亿元。

1. 植保无人机发展

农业植保是民用无人机目前最为可行的应用领域。目前植保无人机在农作物的播种(授粉)、洒药、施肥,以及长势和病虫害监测等方面无论与人工相比还是与传统机械相比均具有明显优势。以洒药为例,无论是与手工喷洒还是载人飞机喷洒相比,植保无人机都具有独特优势。与纯手工喷洒相比,植保无人机洒药平均每亩仅需 2min,每天可洒 300 亩,而人工每人每天仅能完成 10 亩,喷洒效率提升近 30 倍,进一步释放了劳动力;无人机低量喷雾不但可以节省 20%～40% 的农药,更重要的是相比人工操作,无人机喷洒还可以减少 90% 的用水量,大大节约了水资源。此外,随着虫害抗药性的增强,农药的毒性也在与时俱进,通过无人机喷洒减少用药量无疑有利于食品安全,也有利于水土保护。

农林植保无人机作为高端农机装备的一种,通过低空施药技术同无人机平台的有效结合,现已取得了许多重大成果。据统计,中国目前使用的植保机械以手动和小型机(电)动喷雾机为主,其中手动施药药械、背负式机动药械分别占国内植保机械量的 93.07% 和 5.53%,拖拉机悬挂式植保机械约占 0.57%,植保作业投入的劳动多,劳动强度大,施药人员中毒事件时有发生。

通过使用无人机喷洒农药,不仅可以有效减少因农药中毒造成的人员伤亡,还可以提高农药喷洒效率并且降低成本。

根据我国 18 亿亩左右的基本农田面积红线要求,以及常规水稻一年 10 次左右的施药作业量,按照 1 亩/min 的无人机施洒速度,可以得出农林植保无人机一年最多需要工作 3 亿小时。而目前国内使用无人机进行农药喷洒比例还不足 1%,预测在未来 10 年,该比例逐步提升至 5%,同时油动无人机平均寿命将从 400h 增长到 800h,单机平均售价由 40 万元以 10% 的降速降至 15 万元。预计未来 10 年,我国农林植保无人机总需求金额将超过 220 亿元。

2. 航拍无人机发展

我国电影及电视节目制作将开始大量使用无人机。航拍无人机要求姿态、定高的精确度以及发动机的可靠性。在影视航拍无人机的应用方面,美国无疑走在了世界前列,美国联邦航空局(FAA)最早允许使用的商用无人机就应用于影视航拍领域,国内影视作品拍摄也越来越多地使用到无人机,使用无人机进行航拍能够在得到优秀拍摄角度及画面的同时可以有效地控制制作成本,将越来越多地成为具有经济实力的如中央电视台、省级卫视台拍摄自制电视剧或电视节目时所使用的高端拍摄道具。

据统计,2012—2019 年我国电影产量从 893 部增加到 1037 部。2020 年我国电影产量总计 650 部,另据数据显示,2019 年全国电影总票房为 642.66 亿元。假设按照每部电影、电视产品四架无人机的使用量和 50% 的影视航拍无人机使用比例,那么我国未来 10 年影视航拍无人机总需求将达 14800 架。按照每架无人机 5 万元的价格(影视航拍使用电动无人机价格较为低廉),国内影视航拍市场需求总额将达 7.4 亿元。

3. 电力巡检无人机发展

电力巡检的需求爆发与否取决于政策规范的时间节点。我国 2019 年全年的发电量超到了近 7.5 万亿度,比 2018 年增长 4.7%,已是全球第一的用电大国。同时,由于我国地域广博,许多输电线位于人烟稀少的山区或环境恶劣的高原,这给工作人员进行电力巡检带来了极大的风险。

电力巡检无人机的出现很好地降低了工作人员的安全风险,同时也极大提高了巡检的效率。无人机可以轻松到达距离地面 100m 高的铁塔上方,利用高清相机进行实时观测和高清拍摄,实现点对点的故障查巡。还可对线路中有可能存在的隐性或潜在的缺陷隐患进行定点排查,及时掌握特高压输电线路设备的运行状态。据媒体报告,使用无人机进行电力巡检可以将原来 1h 左右的工作时间缩短至 15min 左右。

国家电网在 2009 年就进行了无人直升机巡检系统的立项,经过近几年的发展,无人机在电力系统的应用已涵盖了电网建设放线、输电线路巡检、电网故障处置以及电网灾后故障扫描分析等。除了功能的纵向延伸外,无人机在电力系统巡检中的地域广度也在不断扩大,从沿海到内地,从山区、平原到高原,各地都在陆续展开无人机的电力巡检。

在电力巡检无人机需求不断扩张的背后,面临的却是标准空白所导致的诸多限制。2014 年 6 月,由国家能源局发布的《架空输电线路无人机巡检作业技术导则》进行了公开征求意见,该导则可能成为我国输电线路运维领域首份关于无人机应用作业的行业标准,为电力巡检无人机的规范化提供政策依据,该导则于 2015 年 7 月 1 日发布,2015 年 12 月 1 日正式实施。

据中国电力建设企业协会统计,截至 2020 年年底,我国电网 220kV 及以上输电线路回路长度达到 79.4 万千米。

按照每年 25 次的电力巡检次数计算,每年需要巡检长度约为 1833 万千米。据新华报业网报道,使用无人机巡检 62km 的输电线路仅需 3h,据此估计无人机进行电力巡检速度约为 20km/h。假设电力巡检无人机在未来 10 年平均巡检量为输电线回路总量的 50%,电力巡检无人机每年工作量应为 45.83 万小时左右,按照无人机 400h 左右的寿命,电力巡检无人机年均需求约为 1200 架。按照 20 万元的无人机平均售价,预计未来 10 年电力巡检无人机年均需求额达到 2.4 亿元,总需求金额将达到 24 亿元。

4. 其他民用无人机发展

其他诸如森林防火、油气管道巡检、警用执法、地质气象勘测等领域的无人机年需求也将在 1 亿元左右。预计未来 10 年,我国民用无人机平均年需求量将在 30 亿元左右,总需求量将达到 300 亿元。

消费级无人机本身技术含量并不高,同类型产品很难在技术指标上拉开差距,彼此间的竞争主要是成本比拼。中国作为世界排名前列的制造业大国,凭借着产业配套体系和人工成本双重优势,已在全球消费级无人机市场中占据了举足轻重的地位。

对于普通民众来说,消费级无人机大多还仅限于拥有自拍及航拍功能,或者纯粹的航模玩具,但是科技巨头们早已为未来的无人机融入了多种可能性,会让无人机变得更加聪慧智能,使用更加快捷方便。

此外,Google、Amazon、顺丰、DHL、京东等公司也都想通过无人机完成货物的运送。虽然目前送货无人机还存在空管系统、运输成本、无人机驾驶员稀缺等诸多问题,但是随着政策的开放和技术进步,未来有望看到无人机应用的百花齐放,真正融入人们的生活之中。无人机未来的发展,将随着技术的不断成熟与进步,机体制造的成本费用将不断降低,售价也将更加亲民;同时,无人机自主性能不断提高,用户学习成本下降,操作变得更加简单。

参 考 文 献

[1] 杨华保.飞机原理与构造[M].西安：西北工业大学出版社,2016.
[2] 吴青松,韩广场,冯译萱,等.无人机起飞与降落的控制技术分析研究[J].中国设备工程,2021(13)：207-209.
[3] 贾玉红.航空航天概论[M].北京：北京航空航天大学出版社,2013.
[4] 朱华勇,牛轶峰,沈林成,等.无人机系统自主控制技术研究现状与发展趋势[J].国防科技大学学报,2010,32(03)：115-120.
[5] 袁成,董晓琳,朱超磊.2020年国外先进军用无人机技术发展综述[J].飞航导弹,2021(01)：17-24.
[6] 吴森堂.飞行控制系统[M].北京：北京航空航天大学出版社,2013.
[7] 王海涛,向婷婷.无人机的发展概况和关键技术解析[J].电信快报,2020(12)：13-15＋36.
[8] 于坤林,陈文贵.无人机结构与系统[M].西安：西北工业大学出版社,2016.
[9] 祁圣君,井立,王亚龙.无人机系统及发展趋势综述[J].飞航导弹,2018(04)：17-21.
[10] 郁一帆,王磊.无人机技术发展新动态[J].飞航导弹,2019(02)：34-42.
[11] 廖波,袁昌盛,李永泽.折叠机翼无人机的发展现状和关键技术研究[J].机械设计,2012,29(04)：1-5.
[12] 唐强,张宁,李浩,等.无人机自主控制系统简述[J].测控技术,2020,39(10)：114-123.
[13] 张宇雄.电动模型飞机动力系统配置[M].北京：北京航空航天大学出版社,2015.
[14] 美国Make杂志编辑部.爱上无人机：原料结构、航拍操控与DIY实例精汇[M].陈立畅,等译.北京：人民邮电出版社,2017.
[15] 吕永玺,冯晨曦,屈晓波,等.一种无人机飞行控制系统故障诊断方法[J].实验技术与管理,2021,38(05)：70-74.
[16] 万刚,等.无人机测绘技术及应用[M].北京：测绘出版社,2015.
[17] 晏磊,廖小罕,周成虎,等.中国无人机遥感技术突破与产业发展综述[J].地球信息科学学报,2019,21(04)：476-495.
[18] 陈宗基,魏金钟,王英勋,周锐.无人机自主控制等级及其系统结构研究[J].航空学报,2011,32(06)：1075-1083.
[19] 吕书强,晏磊,张兵,等.无人机遥感系统的集成与飞行试验研究[J].测绘科学,2007(01)：84-86,163.
[20] 段连飞,章炜,黄瑞祥.无人机任务载荷[M].西安：西北工业大学出版社,2017.
[21] 陈昶昊,陈学江,胡小平,郑立岩.无人直升机任务规划系统研究与实践[J].导航与控制,2016,15(03)：1-8.
[22] 王永虎.直升机飞行原理[M].成都：西南交通大学出版社,2017.
[23] 陈康,刘建新.直升机结构与系统(ME-TH,PH)[M].北京：清华大学出版社,2016.
[24] 王科雷,周洲,甘文彪,等.太阳能无人机低雷诺数翼型气动特性研究[J].西北工业大学学报,2014,32(02)：163-168.
[25] 于进勇,王超.垂直起降无人机技术发展现状与展望[J].飞航导弹,2017(05)：37-42.
[26] 雷志荣,赵超,秦玮,等.10kg尾座式垂直起降固定翼无人机系统[J].航空兵器,2020,27(06)：43-48.
[27] 代君,管宇峰,任淑红.多旋翼无人机研究现状与发展趋势探讨[J].赤峰学院学报(自然科学版),2016,32(16)：22-24.
[28] 何勇,张艳超.农用无人机现状与发展趋势[J].现代农机,2014(01)：1-5.
[29] 刘畅,谢文俊,张鹏,等.复杂威胁环境下无人机实时航线规划逻辑架构[J].北京航空航天大学学报,2020,46(10)：1948-1957.

[30] 孙毅.无人机驾驶员航空知识手册[M].北京：中国民航出版社,2014.

[31] 王冠林,武哲.垂直起降无人机总体方案分析及控制策略综合研究[J].飞机设计,2006(03)：25-30.

[32] Terry Kilby,Belinda Kliby.自己动手制作无人机[M].姚军,等译.北京：机械工业出版社,2017.

[33] 唐伟,宋笔锋,曹煜,等.微小型电动垂直起降无人机总体设计方法及特殊参数影响[J].航空学报,2017,38(10)：120-133.

[34] 李德仁,李明.无人机遥感系统的研究进展与应用前景[J].武汉大学学报(信息科学版),2014,39(05)：505-513+540.

[35] 谭仁春,李鹏鹏,文琳,等.无人机倾斜摄影的城市三维建模方法优化[J].测绘通报,2016(11)：39-42.

[36] 王宝昌.无人机航拍技术[M].西安：西北工业大学出版社,2017.

[37] 毕凯,李英成,丁晓波,等.轻小型无人机航摄技术现状及发展趋势[J].测绘通报,2015(03)：27-31+48.

[38] 张静,张科,王靖宇,等.低空反无人机技术现状与发展趋势[J].航空工程进展,2018,9(01)：1-8+34.

[39] 鲁道夫·乔巴尔.玩转无人机[M].吴博,译.北京：人民邮电出版社,2015.

[40] 李一波,宋述锡.基于模糊自整定PID四旋翼无人机悬停控制[J].控制工程,2013,20(05)：910-914.

[41] 汪沛,罗锡文,周志艳,等.基于微小型无人机的遥感信息获取关键技术综述[J].农业工程学报,2014,30(18)：1-12.

[42] 朱正,招启军,李鹏.悬停状态共轴刚性双旋翼非定常流动干扰机理[J].航空学报,2016,37(2)：568-578.

[43] 匡银虎,张虹波.多旋翼无人飞行器悬停姿态精确控制仿真研究[J].计算机仿真,2018,35(3)：34-37；张新国.从自动飞行到自主飞行——飞行控制与导航技术发展的转折和面临的挑战[J].飞机设计,2003(03)：55-59.

[44] 金伟,葛宏立,杜华强,等.无人机遥感发展与应用概况[J].遥感信息,2009(01)：88-92.

[45] 廖小罕,肖青,张颢.无人机遥感：大众化与拓展应用发展趋势[J].遥感学报,2019,23(06)：1046-1052.

[46] 樊邦奎,张瑞雨.无人机系统与人工智能[J].武汉大学学报(信息科学版),2017,42(11)：1523-1529.

[47] 徐秉君.人工智能与未来无人智能系统作战[N].中国航空报,2016-11-22(W02).

[48] 梁亚滨.武装无人机的应用：挑战与影响[J].外交评论(外交学院学报),2014,31(01)：143-156.

[49] 孙小雷,齐乃明,董程,等.无人机任务分配与航迹规划协同控制方法[J].系统工程与电子技术,2015,37(12)：2772-2776.

[50] 樊邦奎.樊邦奎院士：六大方向,知悉无人机的未来[J].机器人产业,2017(01)：59-64.

[51] 勾志阳,晏磊,陈伟,等.无人机高光谱成像仪场地绝对辐射定标及验证分析[J].光谱学与光谱分析,2012,32(02)：430-434.

[52] 王凤,王涛,薛晓娟,等.基于北斗/移动通信技术的无人机监管关键技术研究与应用[J].北京测绘,2018,32(12)：1418-1423.

[53] 王鹏,马永青,汪宏昇,等.无人机通信应用设想及关键技术[J].飞航导弹,2011(5)：53-56.

[54] 颜丙新,王龙福,张宏.无人机系统产品化工程研究[J].航天标准化,2013(03)：10-13+17.

[55] 张建华,赵晨皓,吕诚中.察打一体无人机发展现状及趋势[J].飞航导弹,2018(02)：19-24+56.

[56] 张健,张德虎.高空长航时太阳能无人机总体设计要点分析[J].航空学报,2016,37(S1)：1-7.

[57] 贾永楠,田似营,李擎.无人机集群研究进展综述[J].航空学报,2020,41(S1)：4-14.